따뜻한 식사빵

프렌치토스트와
핫 샌드위치

 들어가며

내 맘대로 만들어 즐기는 한 접시 요리

'프렌치토스트에 딸기를 듬뿍 얹고 생크림도 곁들여야지!'

'핫 샌드위치에 어제 먹다 남은 조림 반찬을 넣어볼까?'

프렌치토스트나 핫 샌드위치는 누구나 자신만의 자유로운 발상으로 다양하게 조합하고

즐겁게 만들 수 있어요.

프렌치토스트는 휴일의 여유로움이 느껴지는 식사인 만큼, 조금은 우아하게 즐겨도 좋아요.

메이플시럽만 곁들인 심플한 프렌치토스트도 좋지만,

여기에 과일을 듬뿍 얹고 아이스크림도 올린다면 생각만 해도 가슴이 두근거리지 않나요?

핫 샌드위치는 샌드위치 팬만 있다면 누구나 쉽게 만드는 메뉴예요.

냉장고 속 재료를 죽 늘어놓고 자신이 좋아하는 재료를 빵 사이에 넣어 먹으면,

평소에 요리를 하지 않던 사람도 아주 즐겁게 만들고 맛있게 먹을 수 있죠.

이 책에 소개한 토핑이나 샌드위치 속재료는 기본 토스트나 샌드위치에는

잘 사용하지 않는 것들이에요. 하지만 앞에서 말한 대로 '자유'와 '즐거움'이야말로

프렌치토스트와 핫 샌드위치의 가장 큰 매력이죠. 자신이 좋아하는 재료를 원하는 만큼 넣어

자유롭게 넣고, 집에 있는 재료만으로 편하게 만들어 즐기세요.

이 책을 만나서 여러분의 삶이 조금 더 즐겁고 풍요로워지기를 기원할게요.

PART 1 간단한 기본 테크닉

PART 2 프렌치토스트 레시피

PART 3 핫 샌드위치 레시피

알아두세요

- 계량 단위는 1큰술 = 15mL, 1작은술 = 5mL, 1컵 = 200mL이다.

- 전자레인지의 가열 시간은 600W 제품을 기준으로 한 것이다. 기종에 따라 가열 시간을 조절한다.

- 버터는 무염 버터를 쓴다.

- 달걀은 중간 크기를 쓴다.

- 생크림의 굳기와 당도는 입맛에 맞게 조절한다. 보통 생크림 200mL에 설탕 2큰술을 넣어 탄력 있게 거품 낸다.

- 샌드위치 팬의 종류에 따라 가열 온도와 가열 시간이 달라진다. 빵이 구워지는 상태를 살피며 조절한다.

- 각 레시피에 제시된 빵은 어디까지나 추천하는 빵이다. 자신이 좋아하는 다양한 빵으로 만들어본다.

- 프렌치토스트의 토핑 재료나 핫 샌드위치에 넣는 속재료의 양은 일반적인 양이다. 입맛에 맞게 조절한다.

PART 1
간단한 기본 테크닉

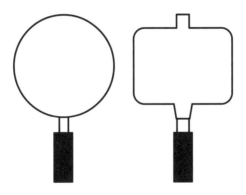

프렌치토스트

프렌치토스트는 달걀물에 적셔서 구워요.
메이플시럽과 버터만으로 쉽게 만들면서 프렌치토스트의 기본 방법을 익히세요.
그 다음 토핑이나 달걀물을 바꿔가며 다양한 프렌치토스트를 만들어보세요.

메이플 프렌치토스트 → 만드는 방법 p.14

FRENCH TOAST

핫 샌드위치

핫 샌드위치는 속재료를 넣어 구워요.
약간의 비법만 알면 누구나 먹음직스럽고 맛있는 샌드위치를 만들 수 있어요.
인기 만점 기본 메뉴인 햄 치즈 샌드위치로 만들기 포인트를 짚어보세요.

햄 치즈 샌드위치 → 만드는 방법 p.20

HOT SANDWICH

기본
기본 프렌치토스트 만들기

프렌치토스트의 기본인 메이플 프렌치토스트를 만들어볼까요?
다른 프렌치토스트도 빵의 종류나 달걀물만 바뀌고 기본 과정은 같아요.

1 도구

준비해야 할 도구들은 대부분 집에 있는 것들이다. 넓적한 그
릇이 없을 경우에는 접시로 대신해도 좋다. 프라이팬은 불소
수지로 코팅된 제품을 쓴다. 코팅은 재료가 프라이팬에 눌어
붙거나 타는 것을 막는다. 프라이팬의 뚜껑도 반드시 준비한다.

① 볼 ② 거품기
③ 넓적한 그릇(25×33cm 정도)
④ 뒤집개
⑤ 프라이팬(지름 24cm 정도) ⑥ 프라이팬 뚜껑

2 재료

프렌치토스트는 크게 두 종류로 나뉜다. 달콤한 맛을 내도 좋
고 짭조름하게 만들 수도 있다. 어떤 맛을 내든 달걀과 우유의
양은 두 종류 모두 같고 더하는 재료가 다르다. 메이플 프렌치
토스트는 달콤한 맛으로 만든다.

> 보통 두께의 식빵을
> 기본으로 한다.
> 입맛에 따라 다양한
> 빵을 사용해도 좋다.

달콤한 맛의 기본 재료 + 토핑

➡ **양념이 달라진다.**

짭조름한 맛의 기본 재료 + 토핑

식빵 2장
A | 달걀 1개, 설탕 1큰술, 우유 1/2컵
버터 2큰술
토핑 메이플시럽 조금, 버터 조금

식빵 2장
A | 달걀 1개, **소금 · 후춧가루 조금씩,**
　　우유 1/2컵, **치즈가루 2큰술**
버터 2큰술
토핑 메이플시럽 조금, 버터 조금

*달걀물이 남으면 다른 빵을 적셔 냉동한다(p.19 참고).

3 달걀물 만들기

볼에 A 재료를 넣고 거품기로 골고
루 섞는다. 달걀이 곱게 풀리고 설탕
과 소금이 다 녹으면 된 것이다.

달걀을 응어리지지 않게 잘 푼다.

양념을 넣어 녹인 뒤에 우유를 넣으면
부드럽게 잘 섞인다.

4 달걀물에 빵 적시기

볼에 식빵을 넣으면 달걀물이 잘 스
며들지 않기 때문에 넓적한 그릇으
로 옮긴다. 크고 넓적한 그릇이 없으
면 접시를 2개 쓴다. 식빵을 앞뒤로
5분씩 총 10분간 담근다.

식빵을 넓적한 그릇에 담고 달걀물을
부어 5분간 적신다.

뒤집개로 식빵을 뒤집어서 5분간 더 적
신다.

5 굽기

프라이팬을 달구기 전에 버터를 넣
어야 태우지 않고 예쁘게 구울 수
있다. 굽는 도중에 프라이팬 뚜껑을
덮으면 빵이 폭신해진다.

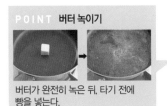

POINT 버터 녹이기

버터가 완전히 녹은 뒤, 타기 전에
빵을 넣는다.

버터를 절반만 넣고, 완전히 녹으면 식
빵 1장을 넣는다. 중약불에서 굽는다.

1~2분 정도 구워서 빵이 노릇해지면 뒤
집어서 뚜껑을 덮고 1~2분 정도 굽는
다. 남은 식빵도 같은 방법으로 굽는다.

15

응용

프렌치토스트를 즐기는 다양한 방법

프렌치토스트는 빵이나 달걀물에 따라 맛이 천차만별이에요.
빵의 종류부터 달걀물에 적시기, 굽기, 보관법까지 다양한 방법을 알아봅니다.

빵의 종류

폭신한 느낌, 촉촉한 느낌, 쫀득한 느낌… 빵의 종류를 바꾸기만 해도 다양한 맛의 프렌치토스트를 즐길 수 있다.
토핑과 어울리는 빵을 골라 다양한 프렌치토스트를 만들어보자.

플레인 식빵

이 책에 가장 많이 나오는 빵은 보통 두께로 썬 일반 식빵이다. 좀 더 풍부하고 부드러운 맛을 즐기고 싶을 때는 두툼하게 썬 식빵을 쓰고, 귀여운 느낌의 프렌치토스트를 만들고 싶을 때는 미니 식빵을 쓴다. 두툼한 식빵을 쓸 때는 기본 레시피보다 달걀물의 양을 늘리고, 빵을 오랫동안 적신다.

보통 두께의 식빵

조금 두툼한 식빵

두툼한 식빵

미니 식빵

다른 재료가 들어간 식빵

건포도나 호두 등 다른 재료가 들어간 식빵이다. 안에 든 재료가 빵 맛의 포인트가 되므로, 프렌치토스트를 만들 때 토핑과의 조화를 고려해서 빵을 고른다.

잡곡 식빵

호두 식빵

참깨 식빵

미니 건포도 식빵

쫄깃하고 단단한 빵

씹을수록 고소한 풍미가 매력적이다. 달걀물이 잘 흡수되지 않아 두껍게 썬 빵은 달걀물에 오랜 시간 적셔야 한다. 특히 베이글은 달걀물에 오래 담가 두어도 잘 흡수되지 않는다. 겉을 가볍게 적셔서 구우면 독특한 질감을 즐길 수 있다.

바게트

캄파뉴

호밀빵

베이글

부드럽고 폭신한 빵

폭신하고 부드러운 맛이 좋다. 달걀물에 잠깐만 담가도 충분히 흡수되며, 프렌치토스트로 만들면 촉촉하고 녹아내리듯이 부드러워진다. 특히 과일이나 생크림, 아이스크림과 같은 달콤한 토핑과 잘 어울린다.

미니 데니시 식빵

잉글리시 머핀

우유 식빵

잉글리시 브레드

달걀물에 빵을 적시는 방법

달걀물을 살짝 묻히는 방법부터 하룻밤 푹 담가놓는 방법까지 빵을 적시는 방법은 다양하다.
짧은 시간 안에 제대로 된 프렌치토스트를 만드는 비법을 소개한다.

기본 시간 : 10분

이 책에서 가장 자주 쓰는 기본 방법이다. 보통 두께의 식빵이라면 10분 정도 담그면 충분하다. 앞뒤로 5분씩 적신다.

식빵의 한 면을 5분간 적신 뒤, 뒤집어서 5분 더 적신다.

이런 메뉴를 만들어요
p.12 기본 프렌치토스트

살짝 담그기 : 1분

잡곡 식빵이나 건포도 식빵 등 다른 재료가 들어간 빵을 쓰거나 크림 등을 바른 프렌치토스트를 만들 때 사용한다.

집게로 빵을 집고 겉에 달걀물을 살짝 묻히듯 적신다.

이런 메뉴를 만들어요
p.43 크림치즈와 딸기 샌드 프렌치토스트 등 속재료를 넣어 굽는 프렌치토스트

푹 담그기 : 하룻밤

두께 4cm 정도의 두툼한 빵에 달걀물을 듬뿍 적시고 싶을 때 쓰는 방법이다. 얇은 빵을 적시면 빵이 풀어지면서 부서질 수 있으므로 주의한다. 베이글 등의 단단한 빵에 어울린다.

밀폐 용기에 빵과 달걀물을 넣어 냉장고에 보관한다. 6시간 뒤에 빵을 뒤집는다.

이런 메뉴를 만들어요
p.33 폭신한 프렌치토스트 등 두툼하고 폭신폭신한 프렌치토스트

시간은 줄이고 맛은 살리는 비법

쉽고 빠르게 만들면서 맛있는 프렌치토스트를 원한다면 주목! 두 가지 다 만족할 수 있는 특별한 비법을 소개한다.

전자레인지로 데우기

깊은 내열 그릇에 빵과 달걀물을 넣고 랩을 살짝 느슨하게 씌운다. 전자레인지에 1분 30초간 데운다.

빵을 뒤집은 뒤 다시 랩을 씌워 전자레인지에 1분간 데운다. 프라이팬으로 옮겨 굽는다.

빵 작게 자르기

식빵을 9등분하면 달걀물이 고르게 묻어 빨리 흡수된다. 굽는 방법은 기본 프렌치토스트와 같다.

굽는 방법

빵의 종류나 두께, 원하는 질감에 따라 다양한 방법으로 구울 수 있다.
디저트용 케이크를 만들듯이 오븐에 굽는 방법도 소개한다.

프라이팬에 굽기

프라이팬 뚜껑을 덮고 열고에
따라 버터를 넣어 지글지글 굽
는 방법과 기름을 충분히 두르
고 튀겨내듯이 굽는 방법이 있다.

뚜껑을 덮고 익히듯이 굽기

가장 기본적인 방법이다. 한
면은 뚜껑을 연 채 노릇하게
굽고, 뒤집어서 뚜껑을 덮어
다른 한 면을 노릇하게 찌듯
이 구워낸다.

 이런 메뉴를 만들어요

p.12 기본 프렌치토스트 등 다
양한 빵으로 만든 프렌치토스트

뚜껑을 덮지 않고 살짝 굽기

달걀물을 빵 겉에만 살짝 입
힌 경우에는 양쪽 면 모두
뚜껑을 덮지 않고 바삭하게
구워낸다.

 이런 메뉴를 만들어요

p.61 호두 식빵으로 만든 탄탄
면 스타일 프렌치토스트

**기름을 충분히 두르고
튀겨내듯이 굽기**

기름의 풍미를 느끼고 싶을
때는 버터 대신 식물성 기름
을 충분히 두르고 튀겨내듯
이 굽는다.

이런 메뉴를 만들어요

p.38 땅콩버터를 듬뿍 넣어서
구운 홍콩 스타일 프렌치토스트

오븐에 굽기

파운드케이크 틀에 빵을 담고
달걀물을 부어 오븐에 굽는 방
법이다.

빵을 네모나게 썰어 파운드
케이크 틀이나 내열 그릇에
담은 뒤 달걀물을 붓는다.
예열한 오븐에 찌듯이 구워
낸다.

이런 메뉴를 만들어요

p.40 말린 과일과 빵, 달걀물을
파운드케이크 틀에 담아 오븐에
구운 디저트용 프렌치토스트 푸딩

보관하는 방법

프렌치토스트를 만들고 나서 달걀물이 남거나 토스트를 다 먹지 못하는 경우가 있다.
이번에는 정성껏 만든 프렌치토스트를 남김없이 맛있게 먹을 수 있는 방법을 소개한다.

달걀물에 적셔서
냉동 보관하기

달걀물이 남았을 경우에 좋은
방법이다. 다른 빵을 충분히
적셔서 냉동실에 둔다. 2주 안
에 먹도록 한다.

달걀물에 적신 빵을
지퍼백에 넣고 공기
를 빼서 냉동 보관
한다.

보관해둔 것을 먹을 때

**자연 해동하거나
그대로 굽는다**

먹기 전에 냉장실로 옮겨서 자
연 해동한다. 또는 버터를 녹인
프라이팬에 얼린 빵을 그대로
넣고 약한 불로 천천히 굽는다.

빵을 구워서
냉동 보관하기

바로 먹지 않을 경우에는 구운
빵을 충분히 식혀서 랩으로 싼
뒤 지퍼백에 넣어 냉동실에 둔
다. 먹고 싶을 때 바로 꺼내 만
들 수 있기 때문에, 미리 만들
어 놓으면 바쁜 아침에 편리하
다. 2주 안에 먹도록 한다.

빵을 한 장씩 랩으
로 꽁꽁 싸서 지퍼
백에 넣는다.

보관해둔 것을 먹을 때

전자레인지에 데운다

지퍼백에서 꺼내 그릇에 담아
전자레인지에 데운다. 냉장실에
서 해동한 뒤 생크림이나 제철
과일을 얹어 차갑게 먹어도 맛
있다.

먹다 남은 것
냉장 보관하기

먹다 남은 것은 충분히 식힌
뒤 랩으로 싸서 냉장실에 넣어
둔다. 2일 안에 먹도록 한다.

빵을 그릇에 담고,빵
이 마르지 않도록 랩
을 팽팽하게 씌운다.

보관해둔 것을 먹을 때

**전자레인지나
토스터로 데운다**

랩을 씌운 채 전자레인지에 데
운다. 토스터로 다시 구우면 겉
이 바삭바삭해진다.

기본 핫 샌드위치 만들기

햄 치즈 샌드위치를 만들어보면서 기본 방법을 익히세요.
다른 샌드위치도 빵이나 속재료만 바꾸고 기본 과정은 같아요.

1 도구

필요한 도구는 간단하다. 이 책에서는 불에 직접 굽는 샌드위치 팬을 쓰는데 전기 샌드위치 그릴을 써도 괜찮다. 샌드위치 팬이 없으면 p.22에 나온 방법을 참고해서 굽는다.

① 샌드위치 팬
② 집게
③ 빵칼
④ 커팅 보드

있으면 편리한 도구

실리콘 솔
팬에 기름을 바를 때 쓰면 편하다.

2 재료

식빵 2장, 빵에 바르는 스프레드, 속재료를 한 세트로 준비한다. 재료의 양은 입맛에 따라 조절해도 좋다.

식빵 2장
속재료 햄 2장, 슬라이스 치즈 1장
스프레드 버터 적당량

보통 두께의 식빵을 기본으로 한다.
입맛에 따라 다양한 빵을 사용해도 좋다.

3 속재료 넣기

빵에 스프레드를 바르고 속재료를 넣는다. 속재료가 떨어질 것 같으면 식빵 2장을 합한 뒤 양손으로 꼭 누른다.

식빵 2장의 안쪽 면에 버터를 골고루 바른다.

속재료가 떨어지지 않도록 빵 속에 햄 2장과 치즈를 넣고 잘 맞춰서 맞붙인다.

4 굽기

빵을 샌드위치 팬에 넣고 손으로 꽉 눌러야 맛있게 구울 수 있다. 빵의 색깔을 확인하면서 굽는다.

POINT 바삭바삭하게 굽기

빵의 겉면을 좀더 바삭하게 굽고 싶다면, 팬에 넣기 전에 솔로 식물성 기름이나 버터를 바른다.

1 빵을 샌드위치 팬에 넣고 삐져나온 부분을 손으로 꼭 누른다.

2 중약불로 1~2분 정도 굽는다.

3 빵을 뒤집어서 색깔을 확인한다. 노릇하게 구워졌다면 반대쪽 면도 같은 방법으로 굽는다.

4 1~2분 정도 구워 노릇해지면 집게로 빵을 집어 꺼낸다.

5 자르기

그대로 먹어도 되지만 보기 좋게 잘라 먹어도 좋다. 속재료가 보이게 자를 때는 재료의 방향과 수직이 되게 자르면 단면이 예쁘게 나온다.

팬의 선대로 자르기

샌드위치 팬에 눌려서 생긴 선대로 자른다.

팬의 선과 수직으로 자르기

샌드위치 팬에 눌려서 생긴 선과 수직이 되게 자른다.

핫 샌드위치 굽기 & 보관법

샌드위치 팬이 없어도 걱정할 필요 없어요. 토스터로 구워도 맛있어요.
샌드위치 굽는 방법과 보관법을 알아봅니다.

굽는 방법

샌드위치를 굽는 방법은 다양하다.
전기 샌드위치 그릴로 굽는 방법과 샌드위치 그릴 없이 굽는 방법을 소개한다.

전기 샌드위치 그릴

굽는 방법은 불에 직접 굽는
샌드위치 팬과 같다.

1 속재료를 넣은 샌드위치를 그릴 안에 넣는다. 빵 크기가 그릴보다 크면 빵의 가장자리를 잘라낸다.

2 굽는 도중에 빵 색깔을 확인하면서 불을 조절한다.

토스터

① 컵으로 빵과 빵 붙이기

빵에 속재료를 넣고 컵으로 찍어 눌러 잘라 굽는 방법이다. 빵을 맞붙이는 부분에 물을 바르면, 물이 접착제 역할을 해잘 붙는다.

1 빵을 컵으로 살짝 눌러 동그란 선을 만든다.

2 선 안에 속재료를 올린 뒤, 선을 따라 물을 바른다.

3 그 위에 다른 빵을 덮고 컵으로 찍어 누른다.

4 컵의 가장자리에 칼을 넣어 빵을 잘라낸다.

5 토스터로 노릇하게 굽는다.

② 포크로 빵과 빵 붙이기

샌드위치의 가장자리를 포크로 눌러 빵과 빵을 붙이는 방법이다. 가장자리에 물을 바르는 것이 포인트다.

1 빵 가장자리에 물을 바른다(1장만 발라도 된다).

2 속재료를 올리고 다른 빵으로 덮은 뒤, 속재료가 삐져나오지 않도록 고르게 누른다.

3 빵의 가장자리를 포크로 꾹꾹 누른다.

4 토스터로 노릇하게 굽는다.

보관하는 방법

속재료를 넣었는데 다 먹지 못했을 경우에 보관하는 방법을 소개한다.
속재료에 따라 빵 사이에 넣은 채로 냉동할 수 있다.

빵을 굽기 전에 냉동 보관하기

아래 예로 든 샌드위치들은 굽기 전에 냉동실에 넣어둔다. 그밖에 특히 물기가 많거나 보존이 어려운 재료는 냉동할 수 없으니 주의한다. 냉동한 것은 1주일 안에 먹도록 한다.

빵 사이에 속재료를 넣은 뒤, 랩으로 싸서 지퍼백에 담아 냉동 보관한다.

➡ **보관해둔 것을 먹을 때**

냉장실에서 해동해 굽는다

먹기 전날 냉장실로 옮겨서 해동한 뒤 샌드위치 팬이나 그릴에 굽는다.

* 냉동할 수 있는 샌드위치
p.72 볶음국수 핫 샌드위치, p.73 피자 토스트 핫 샌드위치, p.74 당근 라페 핫 샌드위치,
p.76 카레와 콩 빈 핫 샌드위치, p.90 불고기 핫 샌드위치, p.97 닭꼬치 핫 샌드위치

빵을 구워서 냉동 보관하기

만들어서 바로 먹기 힘든 경우에는 랩으로 싸서 지퍼백에 넣어 냉동실에 둔다. 냉동할 수 있는 빵의 종류는 한정되어 있으므로 주의한다. 물기가 많거나 날것도 냉동을 피한다. 1주일 안에 먹도록 한다.

빵을 한 장씩 랩으로 꽁꽁 싸서 지퍼백에 넣는다.

➡ **보관해둔 것을 먹을 때**

전자레인지에 데운다

지퍼백에서 꺼내 랩을 씌운 채로 그릇에 담아 전자레인지에 데운다.

* 냉동할 수 있는 샌드위치
위의 '빵을 굽기 전에 냉동 보관하기'와 같다.

먹고 남은 것 냉장 보관하기

먹다 남은 것은 그대로 냉장실에 둔다. 다음날 안으로 먹도록 한다.

빵을 그릇에 담고, 빵이 마르지 않도록 랩을 팽팽하게 씌운다.

➡ **보관해둔 것을 먹을 때**

전자레인지에 데운다

랩을 씌운 채 전자레인지에 데운다. 토스터로 다시 구우면 겉이 바삭바삭해진다.

프렌치토스트와 핫 샌드위치를 더 맛있게 하는 소스 & 크림

* 재료의 양은 만들기 편한 양입니다.

for
FRENCH
TOAST

완성된 프렌치토스트 위에 바르거나 곁들여서 먹으면 좋다.

오렌지 다크 초코 소스

만드는 법

판 초콜릿 45g을 중탕으로
녹인 뒤 오렌지 마멀레이
드 1큰술, 잘게 썬 오렌지
껍질 1큰술을 넣어 고루
섞는다.

허니 버터

만드는 법

상온에 두어 부드
러워진 버터 4큰술
과 꿀 2큰술을 고루
섞는다.

햄 페스토

만드는 법

다진 로스 햄 40g과
사워크림 50g, 크림
치즈 40g을 고루 섞
는다.

망고 민트 크림

만드는 법

크림치즈 50g에 꿀 1큰술
을 섞은 뒤, 다진 말린 망
고 1조각분과 다진 민트 1컵
을 넣어 섞는다.

살사 소스

만드는 법

양파 1/4개, 토마토 1/2개, 피망 1개는 잘게
썰고, 마늘 1/2개는 잘게 다진다. 볼에 레몬
즙 1/2큰술, 홀 그레인 머스터드 1작은술,
꿀 1/2작은술, 입맛에 따라 말린 세이지를
조금 넣고 고루 섞은 뒤 준비한 채소들을 넣
어 버무린다. 소금과 후춧가루로 간한다.

캐러멜 소스

만드는 법

내열 그릇에 캐러멜 7개(35g 정도)와 럼주 2작은술, 물 1작은술
을 넣고 랩을 씌워 전자레인지에 20초 정도 데운다. 포크로 캐
러멜을 으깨면서 고루 섞는다. 랩을 씌우지 않고 전자레인지에
20초씩 세 번 더 데운 뒤 잘 섞는다(상세 설명은 p.35 참고).

몇 가지 소스와 크림만 있으면 심플한 메뉴를 더 특별하고 맛있게 즐길 수 있어요.
여기서는 프렌치토스트용과 핫 샌드위치용을 나눠서 소개하지만, 구분 없이 사용해도 맛있답니다.
때로는 달콤하게, 때로는 새콤하게 만들어 다양하게 즐기세요.

for
HOT
SANDWICH

핫 샌드위치를 굽기 전에 빵에 바르거나, 굽고 난 뒤 빵에 발라 먹으면 맛있다.

스위트 치즈 크림

만드는 법
생크림 1컵에 설탕 2큰술을 넣어 쫀득하고 탄력 있게 거품 낸 뒤, 마스카르포네 치즈 100g을 넣어 고루 섞는다. 스위트 치즈 크림은 오래 데우면 녹기 때문에 크림을 발라 짧은 시간 안에 굽거나 구운 다음에 발라 먹는다.

꿀 된장

만드는 법
미소(일본된장) 4큰술과 꿀 2큰술을 고루 섞는다. 프렌치토스트에 발라 먹어도 맛있다.

갈릭 버터

만드는 법
마늘 1쪽을 강판에 간 뒤 소금을 조금 뿌려 10분 정도 둔다. 상온에 두어 부드러워진 버터 50g을 넣어 고루 섞는다.

허니 머스터드 소스

만드는 법
머스터드 3큰술, 꿀 3큰술, 마요네즈 2큰술을 고루 섞는다.

머스터드 마요네즈

만드는 법
머스터드 2작은술, 홀 그레인 머스터드 1작은술, 마요네즈 2큰술을 고루 섞는다.

허브 버터

만드는 법
상온에 두어 부드러워진 버터 50g에 다진 생타임 1큰술과 다진 생 로즈메리 1큰술을 넣어 고루 섞는다. 파슬리 등 좋아하는 허브를 넣어도 좋다.

식빵 자투리로 만드는 맛있는 간식

프렌치토스트나 핫 샌드위치를 만들 때 잘라낸 식빵 가장자리로 간단하게 만든 간식이에요.
크루통은 그냥 먹어도 맛있지만, 샐러드나 수프에 넣어도 좋아요.

플레인 러스크

만드는 법

1 식빵의 가장자리를 4~5cm 길이
  로 썬다.
2 150℃로 예열한 오븐에 10분 정
  도 바삭하게 굽는다.
3 자른 면에 버터를 조금 바르고
  설탕을 고루 묻혀 150℃로 예열
  한 오븐에 15분 정도 더 굽는다.

크루통

만드는 법

1 식빵 가장자리에 버터를 얇게 펴
  바른 뒤 한입 크기로 썬다.
2 150℃로 예열한 오븐에 10분 정
  도 바삭하게 굽는다.

튀김 빵

만드는 법

1 식빵 가장자리를 4~5cm 길이로
  썬다.
2 프라이팬에 기름을 2cm 정도 높
  이로 붓고 170℃로 뜨거워지면
  식빵 가장자리를 넣어 갈색이 될
  때까지 바삭하게 튀겨낸다.
3 기름을 빼고, 식기 전에 설탕을
  고루 묻힌다.

PART 2
프렌치 토스트 레시피

믹스 베리 프렌치토스트

색색의 베리가 소복이 올라간 정통 프렌치토스트예요. 새콤한 베리와 달콤한 시럽이 만나
근사한 음식이 되었어요. 베리를 원하는 만큼 올려서 즐기세요.

예쁜 프렌치토스트를
만드는 방법,
아주 간단해요!

 +

기본 달걀물 　　 식빵 　　 라즈베리 　　 블루베리 　　 딸기 　　 메이플시럽 　　 슈거 파우더

생크림을 곁들이면 더 부드러운 맛을 즐길 수 있다. 생크림 1컵에 설탕 2큰술을 넣어 거품 낸다. 생크림은 쫀득하고 탄력 있는 것을 쓴 것이 좋다.

재료(2인분)

식빵 2장

A ┌ 달걀 1개
  │ 설탕 1큰술
  └ 우유 1/2컵

버터 2큰술

토핑

라즈베리 10개
블루베리 30개
반 자른 딸기 2~3개분
메이플시럽 적당량
슈거 파우더 조금

만드는 법

1 볼에 A를 넣어 골고루 섞는다.

2 넓적한 그릇에 식빵을 담고 ①의 달걀물을 부어 앞뒤로 5분씩 적신다.

3 프라이팬에 버터를 1큰술 넣어 중간 불에서 녹인다. 버터가 녹으면 달걀물에 적신 식빵 1장을 넣어 중약불에서 1~2분 정도 노릇하게 굽는다.

4 빵을 뒤집고 뚜껑을 덮어 1~2분 정도 노릇하게 찌듯이 굽는다. 남은 빵도 같은 방법으로 굽는다.

5 구운 빵을 그릇에 담고 메이플시럽을 뿌린 뒤 과일을 듬뿍 올린다. 슈거 파우더를 체에 내려 솔솔 뿌린다.

POINT

좋아하는 빵으로 입맛에 맞게 즐기세요

식빵 외에 다른 빵을 써도 된다. 집에 있는 빵을 써도 좋고, '이 빵으로 만들면 맛있을 것 같아'라는 생각이 드는 빵으로 시도해보는 것도 좋다. 다양한 베리를 듬뿍 올린 프렌치토스트라면, 부드럽고 풍부한 풍미를 자랑하는 데니시 식빵이나 우유 식빵이 잘 어울린다. 만약 달걀물이 남았다면 다른 종류의 빵을 적셔서 냉동해둔다. 나중에 쓰기 편하다(p.15 참고).

미니 데니시 식빵

우유 식빵

시나몬 프렌치토스트

달콤하고 매콤한 계피 향은 정겨움이 묻어나는 추억의 냄새죠. 간단하게 만들 수 있고,
커피나 홍차와도 잘 어울리는 시나몬 프렌치토스트. 먹어보면 그 맛에 반하게 돼요.

재료(2인분)

식빵 2장

A
- 달걀 1개
- 설탕 1큰술
- 우유 1/2컵

버터 2큰술

토핑

메이플시럽 적당량
시나몬 파우더 조금

만드는 법

1 볼에 A를 넣어 골고루 섞는다.
2 넓적한 그릇에 식빵을 담고 ①의 달걀물을 부어 앞뒤로 5분씩 적신다.
3 프라이팬에 버터를 1큰술 넣어 중간 불에서 녹인다. 버터가 녹으면 달걀물에 적신 식빵 1장을 넣어 중약불에서 2~3분 정도 노릇하게 굽는다.
4 빵을 뒤집고 뚜껑을 덮어 2~3분 정도 노릇하게 굽는다. 남은 빵도 같은 방법으로 굽는다.
5 구운 빵을 그릇에 담고 메이플시럽을 뿌린 뒤 시나몬 파우더를 뿌린다.

기본 달걀물

+

식빵

메이플시럽   시나몬 파우더

정통 프렌치토스트

003

바나나 프렌치토스트

누구나 좋아하는 초콜릿과 바나나로 프렌치토스트를 만들었어요.
초콜릿 시럽은 원하는 만큼 듬뿍 뿌리세요. 차갑게 먹어도 좋고, 따뜻하게 먹어도 맛있어요.

재료(2인분)

식빵 2장

A ┌ 달걀 1개
  │ 설탕 1큰술
  └ 우유 1/2컵

버터 2큰술

토핑
바나나 2개
초콜릿 시럽 적당량

만드는 법

1 볼에 A를 넣어 골고루 섞는다.
2 넓적한 그릇에 식빵을 담고 ①의 달걀물을 부어 앞뒤로 5분씩 적신다.
3 프라이팬에 버터를 1큰술 넣어 중간 불에서 녹인다. 버터가 녹으면 달걀에 적신 식빵 1장을 넣어 중약불에서 1~2분 정도 노릇하게 굽는다.
4 빵을 뒤집고 뚜껑을 덮어 1~2분 정도 노릇하게 찌듯이 굽는다. 남은 빵도 같은 방법으로 굽는다.
5 구운 빵을 그릇에 담고 반으로 썬 바나나를 올린 뒤 초콜릿 시럽을 뿌린다.

기본 달걀물

+

식빵

바나나   초콜릿 시럽

004

사과 프렌치토스트

따뜻한 프렌치토스트와 차가운 아이스크림의 멋진 조합에 저절로 미소가 지어져요.
사르르 녹아내린 아이스크림과 빵을 함께 먹으면 정말 맛있답니다.

재료(2인분)

식빵 2장

A
- 달걀 1개
- 설탕 1큰술
- 우유 1/2컵

버터 2큰술

토핑

사과조림(만들기 편한 양)
- 사과 1개
- 버터 1큰술
- 설탕 1큰술
- 물 1작은술
- 건포도 2큰술

바닐라 아이스크림 적당량

만드는 법

1 볼에 A를 넣어 골고루 섞는다.

2 넓적한 그릇에 식빵을 담고 ①의 달걀물을 부어 앞뒤로 5분씩 적신다.

3 빵을 적시는 동안 사과조림을 만든다. 사과를 4등분해 씨를 빼고 껍질째 얇게 썬다. 달군 프라이팬에 버터를 녹이고 사과를 넣어 중간 불에서 뒤집어가며 2~3분 정도 굽는다.

4 사과가 살짝 노릇해지면 남은 조림 재료를 모두 넣어 걸쭉한 캐러멜 상태가 될 때까지 조린다.

5 다른 프라이팬에 버터를 1큰술 넣어 중간 불에서 녹인다. 버터가 녹으면 달걀에 적신 식빵 1장을 넣어 중약불에서 1~2분 정도 노릇하게 굽는다.

6 빵을 뒤집고 뚜껑을 덮어 1~2분 정도 노릇하게 찌듯이 굽는다. 남은 빵도 같은 방법으로 굽는다.

7 구운 빵을 그릇에 담고 사과조림을 얹은 뒤 바닐라 아이스크림을 올린다.

기본 달걀물

+

식빵

사과

건포도　　바닐라 아이스크림

스폰지 프렌치토스트

호텔에서 아침식사를 할 때 맛볼 수 있는 프렌치토스트예요. 폭신폭신하게 부푼 빵을
입 속에 넣는 순간 사르르 녹아버려요. 한번 맛보면 자꾸 생각난답니다.

재료(2인분)

4cm 두께의 식빵 2장

A ┌ 달걀 4개
  │ 설탕 40g
  └ 우유 3컵

버터 2큰술

토핑

메이플시럽 적당량

만드는 법

1 볼에 A를 넣어 골고루 섞는다.

2 넓적한 그릇에 가장자리를 잘라낸 식빵을 담고 ①의 달걀물을 부어 앞뒤로
6시간씩 적신다.

3 프라이팬에 버터를 1큰술 넣어 중간 불에서 녹인다. 버터가 녹으면 달걀물
을 적신 식빵 1장을 넣어 중약불에서 3~4분 정도 노릇하게 굽는다.

4 빵을 뒤집고 뚜껑을 덮어 3~4분 정도 노릇하게 찌듯이 굽는다. 남은 빵도
같은 방법으로 굽는다.

5 구운 빵을 그릇에 담고 메이플시럽을 뿌린다. 식으면 부풀어 올랐던 빵이
주저앉으므로 따뜻할 때 먹는다.

기본 달걀물

+

4cm 두께의 식빵

메이플시럽

2

처음에는 달걀물의 양이 많다고
느낄 수도 있지만, 오랫동안 담가
놓으면 모두 빵에 스며든다.

캐러멜 프렌치토스트

부드러운 프렌치토스트 006

사르르 녹는 아이스크림과 캐러멜 소스가 어우러져 한입 먹으면 아찔해질 만큼 맛있답니다.
캐러멜 소스는 전자레인지로 간단하게 만들 수 있어요.

시간이 지나면
아이스크림이 녹기 때문에
빨리 먹어야 해요.

 +

기본 달걀물   잉글리시 브레드   캐러멜   럼주   바닐라 아이스크림

녹은 아이스크림과 캐러
멜 소스가 빵 속으로 듬뿍
스며들어 아주 달콤하다.

재료(2인분)

잉글리시 브레드 2장

A ┌ 달걀 2개
  │ 설탕 2큰술
  └ 우유 1컵

버터 2큰술

토핑

캐러멜 소스

┌ 캐러멜 7개(35g 정도)
│ 럼주 2작은술
└ 물 1작은술

바닐라 아이스크림 적당량

만드는 법

1 볼에 A를 넣어 골고루 섞는다.

2 넓적한 그릇에 빵을 담고 ①의 달걀물을 부어 앞뒤로 5분씩 적신다.

3 빵을 적시는 동안 캐러멜 소스를 만든다. 내열 그릇에 캐러멜 소스 재료를
  모두 넣고 랩을 씌워 전자레인지에 20초 정도 데운다. 포크로 캐러멜을 으
  깨면서 고루 섞는다. 랩을 씌우지 않고 전자레인지에 20초씩 세 번 더 데운
  뒤 잘 섞는다.

4 프라이팬에 버터를 1큰술 넣어 중간 불에서 녹인다. 버터가 녹으면 달걀물
  에 적신 빵 1장을 넣어 중약불에서 1~2분 정도 노릇하게 굽는다.

5 빵을 뒤집고 뚜껑을 덮어 1~2분 정도 노릇하게 찌듯이 굽는다. 남은 빵도
  같은 방법으로 굽는다.

6 구운 빵을 그릇에 담고 바닐라 아이스크림을 올린 뒤 ③의 캐러멜 소스를
  뿌린다.

3-1

캐러멜 소스를 전자레인지에 맨 처
음 데울 때는 랩을 살짝 느슨하게
씌운다.

3-2

한 번 데운 뒤 캐러멜이 아직 다
녹지 않고 딱딱하게 남아 있는 상
태다. 포크로 으깨가며 녹인다.

3-3

전자레인지에 마지막으로 데운 뒤
캐러멜이 완전히 녹고 색이 진해지
면 캐러멜 소스가 완성된 것이다.

부드러운 프렌치토스트

007

하와이안 프렌치토스트

생크림과 과일이 한가득! 인기 많은 하와이안 팬케이크를 연상시키는 메뉴예요.
코코넛 향이 솔솔 풍겨 남국의 정취가 느껴져요.

재료(2인분)

식빵 2장

A ┌ 달걀 1개
  │ 설탕 1큰술
  └ 우유 1/2컵

버터 2큰술

토핑
한입 크기의 망고 10조각
한입 크기의 파인애플 6조각
레드커런트* 2송이
둥글게 썬 바나나 1개분
거품 낸 생크림 적당량
코코넛 슬라이스 적당량
메이플시럽 적당량

*라즈베리나 딸기 등 좋아하는
과일을 넣어도 된다.

만드는 법

1 볼에 A를 넣어 골고루 섞는다.

2 넓적한 그릇에 식빵을 담고 ①의 달걀물을 부어 앞뒤로 5분씩 적신다.

3 프라이팬에 버터를 1큰술 넣어 중간 불에서 녹인다. 버터가 녹으면 달걀물
　에 적신 식빵 1장을 넣어 중약불에서 1~2분 정도 노릇하게 굽는다.

4 빵을 뒤집고 뚜껑을 덮어 1~2분 정도 노릇하게 찌듯이 굽는다. 남은 빵도
　같은 방법으로 굽는다.

5 구운 빵을 그릇에 담고 생크림과 과일을 얹은 뒤, 코코넛 슬라이스와 메이
　플시럽을 뿌린다.

 +

기본 달걀물　　　조금 두툼한 식빵　　좋아하는 열대 과일　　　생크림　　코코넛 슬라이스　메이플시럽

레몬 버터 프렌치토스트

상큼한 레몬 향이 감도는 우아한 일품요리예요. 프렌치토스트의 부드러운 달콤함과
레몬의 새콤함이 잘 어울려요. 손님이 왔을 때 홍차와 함께 내보세요.

재료(2인분)

조금 두툼한 식빵 2장

A ┌ 달걀 2개
  │ 설탕 2큰술
  └ 우유 1컵

버터 2큰술

토핑

레몬 버터

┌ 버터 50g
│ 레몬즙 1작은술
└ 다진 레몬 껍질 1/2개분

얇게 썬 레몬 4조각
다진 레몬 껍질 1/2개분
생 민트 잎 적당량(선택)

만드는 법

1 볼에 A를 넣어 골고루 섞는다.

2 넓적한 그릇에 가장자리를 잘라낸 식빵을 담고 ①의 달걀물을 부어 앞뒤로
6시간씩 적신다.

3 빵을 적시는 동안 레몬 버터를 만든다. 부드러운 상태의 버터에 레몬즙과
다진 레몬 껍질을 넣어 고루 섞는다.

4 프라이팬에 버터를 1큰술 넣어 중간 불에서 녹인다. 버터가 녹으면 달걀물
에 적신 식빵 1장을 넣어 중약불에서 1~2분 정도 노릇하게 굽는다.

5 빵을 뒤집고 뚜껑을 덮어 1~2분 정도 노릇하게 찌듯이 굽는다. 남은 빵도
같은 방법으로 굽는다.

6 구운 빵을 그릇에 담고 레몬 버터를 올린 뒤, 다진 레몬 껍질과 레몬 조각
을 얹는다. 민트 잎을 곁들인다.

기본 달걀물

+

조금 두툼한 식빵

레몬

생 민트 잎

홍콩 스타일 프렌치토스트

프렌치토스트를 홍콩의 길거리 음식 느낌으로 만들었어요.
고소한 빵에 땅콩버터를 듬뿍 바르고 달콤한 연유까지 뿌려 아주 맛있답니다.

땅콩버터와 연유의
진한 맛이 어우러져
한번 맛보면 그 맛에
중독된답니다.

 +

기본 달걀물　　잉글리시 브레드　　땅콩버터　　연유

부드러워진 땅콩버터를 바른 빵에 연유를 고루 뿌려서 먹으면 더욱 맛이 좋다.

재료(2인분)

잉글리시 브레드 2장
A ｛ 달걀 2개
　　설탕 2큰술
　　우유 1컵
땅콩버터 2큰술
식용유 적당량

토핑
연유 적당량

만드는 법

1 빵 1장에 땅콩버터를 고루 펴 바른 뒤 다른 빵으로 덮는다.

2 볼에 A를 넣어 골고루 섞는다.

3 넓적한 그릇에 ①의 빵을 담고 ②의 달걀물을 부어 앞뒤로 10분씩 적신다.

4 프라이팬에 식용유를 충분히 두르고 달걀물에 적신 빵을 넣는다. 중간 불에서 뒤집어가며 5~6분 정도 노릇하게 튀기듯이 굽는다.

5 구운 빵을 반으로 잘라 그릇에 담고 연유를 뿌린다.

1

빵이 서로 잘 붙게 땅콩버터를 고르게 펴 바른다. 땅콩버터가 삐져나오면 탈 수 있으므로 주의한다.

3

땅콩버터 바른 빵을 달걀물에 적신다. 빵이 두툼하니 충분히 적신다.

4

앞뒤 모두 노릇노릇하게 구워질 수 있도록 기름을 충분히 두르고 튀기듯이 굽는다.

프렌치토스트 푸딩

파운드케이크 틀에 빵을 담고 달걀물을 부어 오븐에 구웠더니 푸딩 느낌이 나는
부드럽고 달콤한 디저트가 되었어요. 마치 케이크를 먹는 기분이에요.

프렌치토스트가
달콤한 디저트로
변신했어요!

 +

기본 달걀물　　　미니 데니시 식빵　　모둠 말린 과일　　생크림

파운드케이크 틀에서 꺼낸 빵. 데니시 식빵을 틀에 꽉 눌러 담으면 잘랐을 때 단면이 예쁘다.

재료(8×18×6cm)

미니 데니시 식빵 1개

A ┌ 달걀 2개
  │ 설탕 2큰술
  └ 우유 1컵

모둠 말린 과일* 50g

토핑
거품 낸 생크림 적당량
슈거 파우더 조금
생 딜 적당량(선택)

*좋아하는 말린 과일을 넣는다.
큰 것은 사방 5mm 크기로 썬다.

만드는 법

1 빵을 사방 4cm 크기로 네모나게 썬다.

2 볼에 A를 넣어 골고루 섞는다.

3 파운드케이크 틀에 빵을 담고 군데군데 말린 과일을 넣은 뒤, ②의 달걀물을 부어 10분 정도 그대로 둔다.

4 180℃로 예열한 오븐에 ③을 넣어 40분 정도 굽는다.

5 오븐에서 꺼내 그대로 한 김 식힌다. 틀의 테두리를 따라 칼을 넣어 빵을 꺼낸 뒤 적당한 크기로 자른다.

6 빵을 그릇에 담고 생크림을 곁들인다. 슈거 파우더를 체에 내려 솔솔 뿌리고 딜을 올린다.

3-1

말린 과일이 골고루 들어갈 수 있도록 빵을 담을 때 빵 사이사이에 조금씩 넣는다.

3-2

달걀물이 빵 전체에 흡수될 수 있도록 골고루 붓는다.

5

먹음직스럽게 구워진 상태다. 틀에서 빵을 바로 꺼내지 말고 오븐에서 꺼낸 상태 그대로 한 김 식힌다.

과일 프렌치토스트

011

과일을 올린 프렌치토스트

부드러운 프렌치토스트에 맛있는 과일을 듬뿍 올렸어요. 색감이 예뻐서 먹는 즐거움이
두 배가 돼요. 좋아하는 제철 과일로 풍성한 계절의 맛을 즐기세요.

재료(2인분)

우유 식빵 2장

A
- 달걀 1개
- 설탕 1큰술
- 우유 1/2컵

버터 2큰술

토핑

그린 키위 · 골드 키위 1/2개씩

얇게 썬 오렌지 2개분

생 민트 잎 적당량

메이플시럽 적당량

슈거 파우더 적당량

만드는 법

1 볼에 A를 넣어 골고루 섞는다.

2 넓적한 그릇에 식빵을 담고 ①의 달걀물을 부어 앞뒤로 5분씩 적신다.

3 프라이팬에 버터를 1큰술 넣어 중간 불에서 녹인다. 버터가 녹으면 달걀물
을 적신 식빵 1장을 넣어 중약불에서 1~2분 정도 노릇하게 굽는다.

4 빵을 뒤집고 뚜껑을 덮어 1~2분 정도 노릇하게 찌듯이 굽는다. 남은 빵도
같은 방법으로 굽는다.

5 구운 빵을 그릇에 담고 먹기 좋게 썬 과일과 민트 잎을 올린다. 메이플시럽
을 뿌리고, 슈거 파우더를 체에 내려 솔솔 뿌린다.

| 기본 달걀물 | 우유 식빵 | 제철 과일 | 생 민트 잎 | 메이플시럽 | 슈거 파우더 |

012

크림치즈와 딸기 샌드 프렌치토스트

크림치즈와 딸기는 아주 잘 어울리는 단짝이에요. 프렌치토스트에 토핑으로 올려도 맛있지만, 빵 사이에 넣고 구우면 새로운 맛을 즐길 수 있어요.

재료(2인분)

미니 건포도 식빵 4장
A ┌ 달걀 1개
　├ 설탕 1큰술
　└ 우유 1/2컵
버터 2큰술
크림치즈 3큰술
얇게 썬 딸기 2개분

만드는 법

1 식빵 1장에 크림치즈를 펴 바르고 얇게 썬 딸기를 올린 뒤 다른 빵으로 덮는다. 남은 빵도 같은 방법으로 맞붙인다.

2 볼에 A를 넣어 골고루 섞는다.

3 넓적한 그릇에 빵을 담고 ②의 달걀물을 부어 빵을 살짝 담그는 느낌으로 가볍게 적신다.

4 프라이팬에 버터를 1큰술 넣어 중간 불에서 녹인다. 버터가 녹으면 달걀물에 적신 빵 1개를 넣고 중약불에서 1분 정도 노릇하게 굽는다. 이때 맞붙인 빵이 떨어지지 않도록 손으로 누르면서 굽는다.

5 빵을 뒤집고 뚜껑을 덮어 1분 정도 노릇하게 찌듯이 굽는다. 남은 빵도 같은 방법으로 굽는다.

기본 달걀물

+

미니 건포도 식빵

크림치즈　　딸기

1

맞붙인 빵이 떨어지지 않도록 크림치즈를 골고루 펴 바르고 딸기를 고르게 올린 뒤, 빵 2장을 붙여서 꽉 누른다.

과일 프렌치토스트

013

복숭아 요구르트 프렌치토스트

연한 분홍빛이 우아한 느낌을 주는 프렌치토스트예요. 복숭아의 부드러운 달콤함과
요구르트의 새콤함이 잘 어울린답니다. 뒷맛이 산뜻하고 깔끔해요.

재료(2인분)

식빵 2장

A [달걀 1개
  설탕 1큰술
  우유 1/2컵]

버터 2큰술

토핑

얇게 썬 복숭아 8조각
무가당 플레인 요구르트 2큰술

만드는 법

1 볼에 A를 넣어 골고루 섞는다.
2 넓적한 그릇에 식빵을 담고 ①의 달걀물을 부어 앞뒤로 5분씩 적신다.
3 프라이팬에 버터를 1큰술 넣어 중간 불에서 녹인다. 버터가 녹으면 달걀물
  에 적신 식빵 1장을 넣어 중약불에서 1~2분 정도 노릇하게 굽는다.
4 빵을 뒤집고 뚜껑을 덮어 1~2분 정도 노릇하게 찌듯이 굽는다. 남은 빵도
  같은 방법으로 굽는다.
5 구운 빵의 가장자리를 잘라내고 그릇에 담는다. 복숭아를 올리고 요구르트
  를 티스푼으로 떠서 보기 좋게 뿌린다.

• • • 빵의 가장자리를 잘라내면 깔끔하지만, 그대로 담아도 좋다.

기본 달걀물

+

식빵

복숭아

무가당 플레인
요구르트

014

과일 샌드 프렌치토스트

스위트 치즈크림은 프렌치토스트에 정말 잘 어울려요. 과일을 스위트 치즈크림에 버무려
구운 프렌치토스트 속에 넣었어요. 차게 해서 먹으면 더 맛있어요.

재료(2인분)

미니 건포도 식빵 4장

A
┌ 달걀 1개
│ 설탕 1큰술
└ 우유 1/2컵

버터 2큰술

토핑

스위트 치즈크림(p.21 참고)
3큰술
통조림 과일* 1/2컵

* 여기서는 트로피칼 프루츠 통조림을
썼다.

만드는 법

1 볼에 A를 넣어 골고루 섞는다.

2 넓적한 그릇에 식빵을 담고 ①의 달걀물을 부어 앞뒤로 5분씩 적신다.

3 프라이팬에 버터를 1큰술 넣어 중간 불에서 녹인다. 버터가 녹으면 달걀물
에 적신 식빵 1장을 넣어 중약불에서 1~2분 정도 노릇하게 굽는다.

4 빵을 뒤집고 뚜껑을 덮어 1~2분 정도 노릇하게 찌듯이 굽는다. 남은 빵도
같은 방법으로 굽는다.

5 통조림 과일을 물기를 빼고 스위트 치즈크림에 넣어 골고루 버무린다.

6 구운 빵의 가장자리를 잘라내고 반으로 자른다. 빵과 빵 사이에 ⑤를 넣고
랩으로 싸서 냉장고에 넣어 차게 한다. 먹기 직전에 반으로 자른다.

기본 달걀물

+

미니 건포도 식빵

스위트 치즈크림　　딸기

015

푸딩 프렌치토스트

녹인 푸딩을 달걀물에 넣어 만든 새로운 프렌치토스트예요. 입안 가득히 푸딩의 풍미를 느낄 수 있어요.

재료(2인분)

식빵 2장

A ⌈ 푸딩 170g
  ⌊ 우유 1/2컵

버터 2큰술

만드는 법

1 내열 그릇에 A를 넣고 랩을 씌워 전자레인지에 2분간 데워 푸딩을 녹인다.

2 넓적한 그릇에 식빵을 담고 ①의 달걀물을 부어(따뜻한 상태로 넣어도 된다) 앞뒤로 5분씩 적신다.

3 프라이팬에 버터를 1큰술 넣어 중간 불에서 녹인다. 버터가 녹으면 달걀물에 적신 식빵 1장을 넣어 중약불에서 1~2분 정도 노릇하게 굽는다.

4 빵을 뒤집고 뚜껑을 덮어 1~2분 정도 노릇하게 찌듯이 굽는다. 남은 빵도 같은 방법으로 굽는다.

마트에서
샀어요

푸딩

+

식빵

티라미수 프렌치토스트

코코아 맛 프렌치토스트에 티라미수를 곁들였어요.
쫄깃한 베이글에 부드러운 티라미수를 발라 먹으면 정말 잘 어울려요.

재료(2인분)

베이글 2개

A
┌ 달걀 1개
│ 설탕 1큰술
│ 우유 1/2컵
└ 코코아 파우더 1큰술

버터 2큰술

토핑
티라미수 1개

만드는 법

1 볼에 A를 넣어 골고루 섞는다.

2 베이글을 반갈라 넓적한 그릇에 담고 ①의 달걀물을 부어 빵을 살짝 담그는 느낌으로 가볍게 적신다.

3 프라이팬에 버터를 1큰술 넣어 중간 불에서 녹인다. 버터가 녹으면 달걀물에 적신 빵 1개를 넣어 중약불에서 2~3분 정도 노릇하게 굽는다.

4 빵을 뒤집고 뚜껑을 덮어 1~2분 정도 노릇하게 찌듯이 굽는다. 남은 빵도 같은 방법으로 굽는다.

5 구운 빵을 그릇에 담고 티라미수를 곁들인다.

코코아 달걀물

베이글

마트에서
샀어요

티라미수

땅콩크림 샌드위치 프렌치토스트

마트에서 쉽게 살 수 있는 땅콩크림 샌드위치로 프렌치토스트를 만들었어요. 빵 속의 땅콩크림이 달걀물과 잘 어울려요. 잼이나 버터크림이 들어 있는 빵으로 만들어도 맛있어요.

재료(2인분)

시판 땅콩크림 샌드위치
4개

A [달걀 1개
설탕 1큰술
우유 1/2컵

버터 2큰술

만드는 법

1 볼에 A를 넣어 골고루 섞는다.

2 넓적한 그릇에 빵을 담고 ①의 달걀물을 부어 앞뒤로 3분씩 적신다.

3 프라이팬에 버터를 1큰술 넣어 중간 불에서 녹인다. 버터가 녹으면 달걀물에 적신 빵 2개를 넣어 중약불에서 1~2분 정도 노릇하게 굽는다.

4 빵을 뒤집고 뚜껑을 덮어 1~2분 정도 노릇하게 찌듯이 굽는다. 남은 빵도 같은 방법으로 굽는다.

기본 달걀물

+

마트에서
샀어요

땅콩크림 샌드위치

018

카스텔라 프렌치토스트

먹다 남은 카스텔라가 딱딱해졌다면 프렌치토스트를 만들어보세요.
깊고 진한 풍미의 고급스러운 간식이 돼요. 설탕을 뿌리지 않아도 예쁘답니다.

재료(2인분)

1.5cm 두께의 카스텔라
4조각
A〔 달걀 1개
   우유 100mL
버터 2큰술

토핑
설탕 적당량

만드는 법

1 볼에 A를 넣어 골고루 섞는다.

2 넓적한 그릇에 빵을 담고 ①의 달걀물을 부어 앞뒤로 2분씩 적신다.

3 프라이팬에 버터를 1큰술 넣어 중간 불에서 녹인다. 버터가 녹으면 달걀물에 적신 빵 2조각을 넣어 중약불에서 1~2분 정도 노릇하게 굽는다.

4 빵을 뒤집고 뚜껑을 연 채 1~2분 정도 노릇하게 굽는다. 남은 빵도 같은 방법으로 굽는다.

5 프라이팬에서 빵을 꺼내 설탕을 묻혀서 그릇에 담는다.

기본 달걀물

+

마트에서 샀어요

카스텔라

설탕

019

딸기 우유 프렌치토스트

딸기와 연유를 섞은 달걀물에 빵을 적셔서 구웠어요.
또 한번 딸기를 듬뿍 올리고 연유를 뿌려 달콤하고 사랑스러운 프렌치토스트가 되었어요.

빵과 토핑에서
딸기 우유 맛이 나요.

딸기 달걀물   미니 데니시 식빵   딸기   연유

50

연유와 딸기의 양을 입맛에
맞게 조절하는 게 포인트다.

재료(2인분)

미니 데니시 식빵 4장

A ┌ 달걀 1개
  │ 연유 2큰술
  │ 우유 1/4컵
  └ 딸기 2개

버터 2큰술

토핑
작게 썬 딸기 2~3개분
연유 적당량

만드는 법

1 A의 딸기를 으깨어 나머지 A 재료와 함께 볼에 넣고 고루 섞는다.

2 넓적한 그릇에 빵을 담고 ①의 달걀물을 부어 앞뒤로 5분씩 적신다.

3 프라이팬에 버터를 1큰술 넣어 중간 불에서 녹인다. 버터가 녹으면 달걀물
   에 적신 빵 2장을 넣어 중약불에서 1~2분 정도 노릇하게 굽는다.

4 빵을 뒤집고 뚜껑을 덮어 1~2분 정도 노릇하게 찌듯이 굽는다. 남은 빵도
   같은 방법으로 굽는다.

5 구운 빵을 그릇에 담고 작게 썬 딸기를 올린 뒤 연유를 뿌린다.

딸기가 달걀물에 고루 섞일 수 있
도록 최대한 잘게 으깬다.

딸기 달걀물이 식빵의 양면에 충분
히 스며들도록 푹 적신다.

쇼콜라 프렌치토스트

코코아 파우더로 까만색을 내고 초콜릿 조각을 올려 구웠어요.
달콤 쌉싸름한 오렌지 마멀레이드와 진한 초콜릿 맛이 잘 어울려요.

재료(2인분)

식빵 2장

A
┌ 달걀 1개
│ 설탕 1큰술
│ 우유 1/2컵
└ 코코아 파우더 1큰술

버터 2큰술

토핑

초콜릿* 10 ~12조각
오렌지 마멀레이드 조금
오렌지절임 2조각(선택)

*판 초콜릿을 잘라서 써도 좋다.

만드는 법

1 볼에 A를 넣어 골고루 섞는다.

2 넓적한 그릇에 식빵을 담고 ①의 달걀물을 부어 앞뒤로 5분씩 적신다.

3 프라이팬에 버터를 1큰술 넣어 중간 불에서 녹인다. 버터가 녹으면 달걀물
에 적신 식빵 1장을 넣어 중약불에서 1~2분 정도 노릇하게 굽는다.

4 빵을 뒤집어서 초콜릿 5~6조각을 얹고 뚜껑을 덮어 1~2분 정도 노릇하게
찌듯이 굽는다. 남은 빵도 같은 방법으로 굽는다.

5 구운 빵을 그릇에 담고 오렌지 마멀레이드를 올린 뒤 오렌지절임을 곁들인다.

코코아 달걀물

+

식빵

초콜릿   오렌지
         마멀레이드

021

녹차 프렌치토스트

단팥과 조청을 곁들인 일본식 프렌치토스트예요. 달걀물에 두유와 녹차가루를 섞어
색다른 디저트가 되었어요. 녹차와 함께 먹으면 좋아요.

재료(2인분)

식빵 2장

A
- 달걀 1개
- 설탕 1큰술
- 두유 1/2컵
- 녹차가루 1/2큰술

버터 2큰술

토핑

단팥 2큰술
반 자른 딸기 2개분
메이플시럽 적당량
녹차가루 조금

만드는 법

1 볼에 A를 넣어 골고루 섞는다.

2 넓적한 그릇에 식빵을 담고 ①의 달걀물을 부어 앞뒤로 5분씩 적신다.

3 프라이팬에 버터를 1큰술 넣어 중간 불에서 녹인다. 버터가 녹으면 달걀물
에 적신 식빵 1장을 넣어 중약불에서 1~2분 정도 노릇하게 굽는다.

4 빵을 뒤집고 뚜껑을 덮어 1~2분 정도 노릇하게 찌듯이 굽는다. 남은 빵도
같은 방법으로 굽는다.

5 구운 빵을 그릇에 담고 단팥과 딸기를 올린 뒤 메이플시럽을 뿌린다. 녹차
가루를 체에 내려 솔솔 뿌린다.

 + 　　　　　　

녹차 달걀물　　　식빵　　　단팥　　　딸기　　　메이플시럽　　　녹차가루

차이 프렌치토스트

차이는 달콤하고 알싸한 풍미가 매력적인 인도식 홍차예요.
이국적인 맛이 기분까지 바꿔줄 거예요. 정향을 넣으면 보다 진한 맛을 낼 수 있어요.

재료(2인분)

1.5cm 두께의 바게트 6조각

A ┌ 달걀 1개
  │ 설탕 2큰술
  └ 홍차(얼그레이) 1작은술

B ┌ 우유 3/4컵
  │ 시나몬 스틱* 1개
  └ 정향* 10개

버터 2큰술

*차이 스파이스 믹스 1작은술을 넣어도 된다.

만드는 법

1 작은 냄비에 B 재료를 넣어 끓인다. 끓어오르기 직전에 불을 약하게 줄이고, 매콤한 향이 올라오면 불을 끄고 식힌다.

2 A의 홍차를 잘게 썰어 나머지 A 재료와 함께 볼에 넣고 고루 섞는다. ①의 우유가 식으면 체에 걸러 볼에 넣고 섞는다.

3 넓적한 그릇에 빵을 담고 ②의 달걀물을 부어 앞뒤로 5분씩 적신다.

4 프라이팬에 버터를 1큰술 넣어 중간 불에서 녹인다. 버터가 녹으면 달걀물에 적신 빵 3조각을 넣어 중약불에서 1~2분 정도 노릇하게 굽는다.

5 빵을 뒤집고 뚜껑을 덮어 1~2분 정도 노릇하게 찌듯이 굽는다. 남은 빵도 같은 방법으로 굽는다.

홍차 달걀물

+

바게트

시나몬 스틱   정향

커피 프렌치토스트

짙은 커피 빛깔 빵 위의 붉은 라즈베리가 돋보이는 커피 프렌치토스트는 쌉쌀한 맛과 새콤한 맛의 조화가 매력적이에요. 굵은 후춧가루를 뿌리면 더 맛있답니다.

재료(2인분)

미니 식빵 2장

A ⌈ 달걀 1개
  │ 설탕 1큰술
  ⌊ 우유 65mL

커피 믹스 2큰술
뜨거운 물 2작은술
버터 1큰술

토핑

라즈베리 10개 정도
꿀 적당량
굵은 후춧가루 조금

만드는 법

1 커피 믹스를 뜨거운 물에 녹여 차게 식힌다.

2 볼에 A와 ①의 식은 커피를 넣어 고루 섞는다.

3 넓적한 그릇에 식빵을 4등분해 담고 ②의 달걀물을 부어 앞뒤로 5분씩 적신다.

4 프라이팬에 버터를 넣어 중간 불에서 녹인다. 버터가 녹으면 달걀물에 적신 식빵을 넣어 중약불에서 1~2분 정도 노릇하게 굽는다.

5 빵을 뒤집고 뚜껑을 덮어 1~2분 정도 노릇하게 찌듯이 굽는다.

6 구운 빵을 그릇에 담고 라즈베리를 올린 뒤, 꿀을 뿌리고 굵은 후춧가루로 간한다.

커피 달걀물

+

미니 식빵

라즈베리　꿀　굵은 후춧가루

든든한 프렌치토스트

024

카레 프렌치토스트

카레는 누구나 좋아하는 음식이죠. 여기에 콩 샐러드와 어린잎 채소를 곁들여
한 접시 요리가 되었어요. 브런치나 점심식사로 안성맞춤이에요.

카페에서 즐기는
한 접시 요리!

| 카레 달걀물 | 바게트 | 모둠 콩 샐러드 | 어린잎 채소 | 코티지치즈 | 굵은 후춧가루 |

휴일에 느긋하게 즐기는 브런치로 제격이다. 오렌지주스와 함께 먹으면 더 좋다.

재료(2인분)

1.5cm 두께의 바게트 6조각

A
달걀 1개
소금·굵은 후춧가루 조금씩
우유 1/2컵
카레가루 1작은술

버터 2큰술

토핑

모둠 콩 샐러드

통조림 콩 120g
무가당 플레인 요구르트 1작은술
마요네즈 1작은술
잘게 썬 파슬리 조금
카레가루 · 소금 조금씩

어린잎 채소 적당량
코티지치즈 적당량
굵은 후춧가루 적당량

만드는 법

1 볼에 A를 넣어 골고루 섞는다.

2 넓적한 그릇에 빵을 담고 ①의 달걀물을 부어 앞뒤로 5분씩 적신다.

3 빵을 적시는 동안 모둠 콩 샐러드를 만든다. 볼에 모둠 콩 샐러드 재료를 모두 넣어 고루 버무린다.

4 프라이팬에 버터를 1큰술 넣어 중간 불에서 녹인다. 버터가 녹으면 달걀물에 적신 빵 3조각을 넣어 중약불에서 1~2분 정도 노릇하게 굽는다.

5 빵을 뒤집고 뚜껑을 덮어 1~2분 정도 노릇하게 찌듯이 굽는다. 남은 빵도 같은 방법으로 굽는다.

6 구운 빵을 그릇에 담고 어린잎 채소와 모둠 콩 샐러드를 곁들인다. 굵은 후춧가루로 간하고 코티지치즈를 뿌린다.

1

달걀물에 넣는 카레가루는 아주 조금이면 된다. 조금만 넣어도 충분히 맛이 난다.

3

모둠 콩 샐러드는 재료를 골고루 섞기만 하면 간단히 만들 수 있다. 통조림 콩을 쓰면 편하다.

6

그릇에 카레 프렌치토스트, 어린잎 채소, 모둠 콩·샐러드 순으로 보기 좋게 담는다.

구운 채소 프렌치토스트

프렌치토스트를 갖가지 채소들과 함께 샐러드처럼 즐겨보세요. 발사믹 식초가
구운 채소의 맛과 치즈의 풍미를 더 풍부하게 해줘요. 좋아하는 채소를 듬뿍 올려 만드세요.

재료(2인분)

식빵 2장

A ┌ 달걀 1개
│ 소금·굵은 후춧가루
│ 조금씩
│ 우유 1/2컵
└ 치즈가루 2큰술

버터 2큰술

토핑

둥글게 썬 애호박 4조각
방울토마토 4개
둥글게 썬 연근 2조각
저민 새송이버섯 2조각
영콘 2개, 발사믹 식초 1/4컵
버터 적당량

만드는 법

1 볼에 A를 넣어 골고루 섞는다.

2 넓적한 그릇에 식빵을 담고 ①의 달걀물을 부어 앞뒤로 5분씩 적신다.

3 프라이팬에 버터를 1큰술 넣어 중간 불에서 녹인다. 버터가 녹으면 달걀물
에 적신 식빵 1장을 넣어 중약불에서 1~2분 정도 노릇하게 굽는다.

4 빵을 뒤집고 뚜껑을 덮어 1~2분 정도 노릇하게 찌듯이 굽는다. 남은 빵도
같은 방법으로 굽는다.

5 작은 냄비에 발사믹 식초를 넣고 양이 반으로 줄어들 때까지 중약불에 졸
인다.

6 채소와 버섯을 그릴에 굽는다.

7 구운 빵을 그릇에 담고 구운 채소와 버섯, 버터를 올린 뒤 발사믹 식초를
뿌린다.

짭조름한 달걀물

+

식빵

좋아하는 채소와 버섯

갈릭 버터 프렌치토스트

향긋한 마늘 향 때문에 맥주 한잔이 생각나는 프렌치토스트예요. 마늘은 구워내고 남은 올리브오일로 빵을 구웠어요.볶아서 볶아서 곁들이면 간단한 식사로도 그만이에요.

재료(2인분)

4cm 두께의 바게트 6조각

A ┌ 달걀 1개
  │ 소금·굵은 후춧가루
  │ 조금씩
  │ 우유 1/2컵
  └ 치즈가루 2큰술

저민 마늘 1쪽분
올리브오일 2큰술

토핑
크레송 적당량

만드는 법

1 볼에 A를 넣어 골고루 섞는다.

2 넓적한 그릇에 빵을 담고 ①의 달걀물을 부어 앞뒤로 5분씩 적신다.

3 프라이팬에 올리브오일 1큰술과 마늘 절반을 넣어 약한 불에서 볶는다. 올리브오일에 마늘 향이 배고 색이 노릇노릇해지면 꺼낸다.

4 마늘을 꺼낸 프라이팬에 달걀물에 적신 빵 3조각을 넣어 중약불에서 2~3분 정도 노릇하게 굽는다.

5 빵을 뒤집고 뚜껑을 덮어 1~2분 정도 노릇하게 찌듯이 굽는다. 남은 빵도 같은 방법으로 굽는다.

6 구운 빵을 그릇에 담고 볶은 마늘을 올린 뒤 크레송으로 장식한다.

짭조름한 달걀물

＋

바게트

마늘　　크레송

태국식 민트 고기볶음 프렌치토스트

짭짤한 피시 소스가 식욕을 돋우는 아시안 스타일의 프렌치토스트예요. 고기볶음에 민트를
듬뿍 넣는 것이 포인트랍니다. 담백하고 고소한 호밀빵과 함께 먹으면 더 맛있어요.

재료(2인분)

1.5cm 두께의 호밀빵 4조각

A
┌ 달걀 1개
│ 소금 조금
│ 우유 1/2컵
└ 치즈가루 2큰술

버터 2큰술

토핑
민트 고기볶음

┌ 다진 돼지고기 200g
│ 채 썬 양파 작은 것
│ 1/2개분
│ 채 썬 마늘 1쪽분
│ 송송 썬 홍고추 1개분
│ 다진 민트 잎 1줌분
│ 피시 소스 1½큰술
│ 레몬즙 2큰술
│ 설탕 1작은술
└ 식용유 조금

고수 적당량

만드는 법

1 볼에 A를 넣어 골고루 섞는다.

2 넓적한 그릇에 빵을 담고 ①의 달걀물을 부어 앞뒤로 5분씩 적신다.

3 프라이팬에 버터를 1큰술 넣어 중간 불에서 녹인다. 버터가 녹으면 달걀물
에 적신 빵 2조각을 넣어 중약불에서 1~2분 정도 노릇하게 굽는다.

4 빵을 뒤집고 뚜껑을 덮어 1~2분 정도 노릇하게 찌듯이 굽는다. 남은 빵도
같은 방법으로 구워 꺼내놓는다.

5 민트 고기볶음을 만든다. 프라이팬에 식용유를 두르고 마늘과 홍고추를 넣
어 약한 불에 볶다가 마늘 향이 올라오면 양파를 넣고 중간 불에 볶는다.

6 양파가 부드러워지고 황갈색으로 변하면 돼지고기를 넣어 볶다가 피시 소
스, 레몬즙, 설탕을 넣고 물기가 없어질 때까지 볶는다. 다진 민트 잎을 넣
어 재빨리 섞고 불을 끈다.

7 구운 빵을 그릇에 담고 ⑥의 고기볶음을 얹은 뒤 고수로 장식한다.

| 짭조름한 달걀물 | 호밀빵 | 민트 고기볶음 | 고수 |

튼튼한 프렌치토스트

028

탄탄면 스타일 프렌치토스트

중국 음식인 탄탄면에 올리는 돼지고기볶음을 프렌치토스트 위에 올렸어요.
참기름에 구운 빵과 매콤한 돼지고기볶음이 의외로 잘 어울려요.

재료(2인분)

호두 식빵 2장
A ┌ 달걀 1개
  │ 소금·후춧가루 조금씩
  └ 우유 1/2컵
참기름 2큰술

토핑

돼지고기볶음
┌ 다진 돼지고기 100g
│ 두반장 2작은술
│ 다진 파 2큰술
│ 술 2작은술
│ 참깨 2큰술
│ 간장·식초 1/2작은술씩
└ 식용유 1/2큰술
실고추 조금
송송 썬 실파 조금

만드는 법

1 돼지고기볶음을 만든다. 달군 프라이팬에 식용유와 두반장, 파를 넣어 볶는다. 매콤한 향이 올라오면 다진 돼지고기를 넣어 달달 볶는다. 고기가 어느 정도 익으면 나머지 재료를 모두 넣어 고루 볶는다.

2 볼에 A를 넣어 골고루 섞는다.

3 넓적한 그릇에 식빵을 담고 ②의 달걀물을 부어 빵을 살짝 담그는 느낌으로 가볍게 적신다.

4 프라이팬에 참기름 1큰술을 두르고 달걀물에 적신 식빵 1장을 넣어 중약불에서 1~2분 정도 노릇하게 굽는다.

5 빵을 뒤집고 뚜껑을 덮어 1~2분 정도 노릇하게 찌듯이 굽는다. 남은 빵도 같은 방법으로 굽는다.

6 구운 빵을 그릇에 담고 돼지고기볶음과 실고추를 얹은 뒤 송송 썬 실파를 올린다.

 +

짭조름한 달걀물   호두 식빵   돼지고기볶음   실고추   실파

버섯된장볶음 프렌치토스트

버섯을 달콤한 된장에 볶아 프렌치토스트에 곁들였어요. 버섯된장볶음은 빵과 함께 먹어도 맛있답니다. 좋아하는 버섯을 넣어 입맛대로 즐기세요.

재료(2인분)

1cm 두께의 캄파뉴 4조각

A
┌ 달걀 1개
│ 소금·굵은 후춧가루
│ 조금씩
│ 우유 1/2컵
└ 치즈가루 2큰술

버터 2큰술

토핑

버섯된장볶음

┌ 먹기 좋게 썬 버섯* 100g
│ 채 썬 양파 1/4개분
│ 다진 생강 1쪽분
│ 술 1큰술
│ 꿀 1큰술
│ 미소(일본 된장) 1큰술
└ 올리브오일 1작은술

잘게 썬 파슬리 조금(선택)

굵은 후춧가루 조금

*여기서는 만가닥버섯과 팽이버섯을 썼다.

만드는 법

1 버섯된장볶음을 만든다. 달군 프라이팬에 올리브오일을 두르고 생강을 달 달 볶는다. 생강 향이 올라오면 양파와 버섯을 넣어 볶고 술을 넣는다. 전 체적으로 익으면 미소와 꿀을 고루 섞어 넣는다.

2 볼에 A를 넣어 골고루 섞는다.

3 넓적한 그릇에 빵을 담고 ②의 달걀물을 부어 앞뒤로 5분씩 적신다.

4 프라이팬에 버터를 1큰술 넣어 중간 불에서 녹인다. 버터가 녹으면 달걀물 에 적신 빵 2조각을 넣어 중약불에서 1~2분 정도 노릇하게 굽는다.

5 빵을 뒤집고 뚜껑을 덮어 1~2분 정도 노릇하게 찌듯이 굽는다. 남은 빵도 같은 방법으로 굽는다.

6 구운 빵을 그릇에 담고 버섯된장볶음을 올린 뒤 굵은 후춧가루와 파슬리를 뿌린다.

 +

짭조름한 달걀물　　　캄파뉴　　　버섯된장볶음　　　굵은 후춧가루

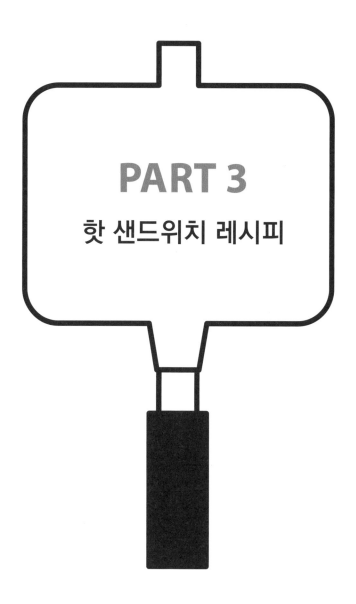

PART 3
핫 샌드위치 레시피

001

새우 아보카도 샌드위치

새우의 붉은색과 아보카도의 초록색이 예쁘게 대비된 인기 만점 샌드위치예요.
부드럽게 녹는 아보카도와 치즈, 안 먹고는 못 견디죠.

재료(1인분)

식빵 2장

속재료
칵테일 새우 5마리
얇게 썬 아보카도 5조각
소금·후춧가루 조금씩

스프레드
버터 적당량
크림치즈 2큰술
간 레몬 껍질 조금

만드는 법

1 식빵 1장에 버터를 바르고 아보카도와 꼬리를 뗀 새우를 올린
뒤 소금과 후춧가루를 뿌린다.
2 다른 식빵에 크림치즈를 바르고 간 레몬 껍질을 뿌려 ①에 덮는다.
3 샌드위치 팬에 ②를 넣어 중간 불에서 1~2분 정도 굽는다. 뒤집
어서 반대쪽도 1~2분 정도 굽는다.

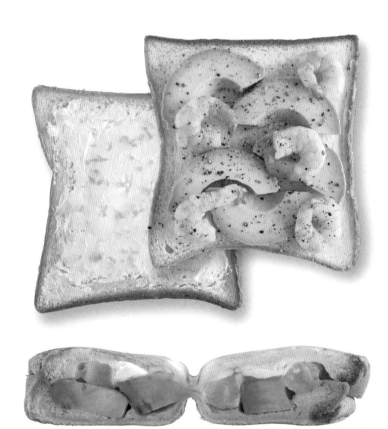

정통 샌드위치

002

달걀프라이 베이컨 양상추 샌드위치

달걀프라이, 베이컨, 양상추, 토마토…. 아침식사로 즐겨 먹는 것들을 모아서
핫 샌드위치를 만들었어요. 바쁜 아침에 만들어 먹기 좋은 샌드위치예요.

재료(1인분)

식빵 2장

속재료
반 자른 베이컨 1장분
메추리알 4개
먹기 좋게 뜯은 양상추 1장분
소금·후춧가루 조금씩

스프레드
버터 적당량

만드는 법

1 식빵 1장에 버터를 바르고 베이컨, 메추리알 순으로 올린다.

2 다른 식빵에 버터를 바르고 양상추를 올린 뒤 소금과 후춧가루
　를 뿌려 ①에 덮는다.

3 샌드위치 팬에 ②를 넣어 중간 불에서 1~2분 정도 굽는다. 뒤집
　어서 반대쪽도 1~2분 정도 굽는다.

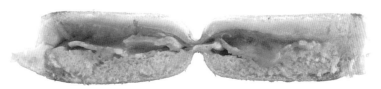

달걀 샐러드 샌드위치

지금까지 차가운 달걀 샌드위치를 먹었다면, 이번엔 따뜻하게 구운 달걀 샌드위치를 즐겨보세요. 머스터드를 발라 맛이 잘 어울려요.

재료(1인분)

식빵 2장

속재료
달걀 샐러드(아래 참고)
달걀 1개분

스프레드
버터 조금
머스터드 조금

만드는 법

1 식빵 1장에 버터를 바르고 달걀 샐러드를 올린다.
2 다른 식빵에 머스터드를 발라 ①에 덮는다.
3 샌드위치 팬에 ②를 넣어 중간 불에서 1~2분 정도 굽는다. 뒤집어서 반대쪽도 1~2분 정도 굽는다.

달걀 샐러드

재료(만들기 편한 양)

달걀 1개
잘게 썬 파슬리 조금
마요네즈 1큰술
연유 1작은술
소금·후춧가루 조금씩

만드는 법

1 달걀을 완숙으로 삶아 껍데기를 벗기고 포크로 으깬다.
2 나머지 재료를 모두 넣어 고루 섞는다.

감자 샐러드 샌드위치

감자 샐러드는 반찬이나 전채 요리로도 좋지만, 샌드위치 속재료로도 안성맞춤이에요.
양상추와 감자 샐러드를 함께 넣어서 먹으면 아주 맛있어요.

재료(1인분)

식빵 2장

속재료
감자 샐러드(아래 참고) 1/2컵
먹기 좋게 뜯은 양상추 1장분

스프레드
버터 적당량
마요네즈 적당량

만드는 법

1 식빵 1장에 버터를 바르고 감자 샐러드를 올린다.
2 다른 식빵에 마요네즈를 바르고 양상추를 올려 ①에 덮는다.
3 샌드위치 팬에 ②를 넣어 중간 불에서 1~2분 정도 굽는다. 뒤집어서 반대쪽도 1~2분 정도 굽는다.

감자 샐러드

재료(만들기 편한 양)

감자 2개
채 썬 양파 1/4개분
반달썰기 한 당근 3cm분
송송 썬 오이 1/2개분
통조림 옥수수 1큰술
소금 조금

A ┌ 마요네즈 3큰술
  │ 소금 1/2작은술
  └ 식초 2작은술

만드는 법

1 감자는 소금을 조금 넣고 삶아 으깬다.
2 양파, 당근, 오이는 소금을 조금 넣고 섞은 뒤 물기를 꼭 짠다.
3 감자와 채소, 통조림 옥수수를 한데 담고 A를 넣어 버무린다.

정통 샌드위치

005

연어 치즈 샌드위치

연어 치즈 샌드위치는 누구나 좋아하는 메뉴지요. 딜을 넣어 구우면
연어의 비린내를 잡아주고, 허브 향이 더해져 맛도 더 좋아져요.

재료(1인분)

식빵 2장

속재료
훈제 연어 4조각
채 썬 양파 1/8개분
생 딜 2줄기

스프레드
사워크림 2큰술

만드는 법

1 식빵 1장에 사워크림 1큰술을 바르고 훈제 연어를 얹은 뒤 딜을
올린다.
2 다른 식빵에 남은 사워크림을 바르고 채 썬 양파를 올려 ①에
덮는다.
3 샌드위치 팬에 ②를 넣어 중간 불에서 1~2분 정도 굽는다. 뒤집
어서 반대쪽도 1~2분 정도 굽는다.

006

오이 샌드위치

오이 샌드위치는 영국에서 인기 많은 메뉴예요. 주로 차게 먹는 오이 샌드위치를
핫 샌드위치로 만들었어요. 살짝 부드러워진 오이 맛에 빠져들 거예요.

재료(1인분)

식빵 2장

속재료

얇게 썬 오이 1/2개분

스프레드

버터 적당량

A [머스터드 2작은술
  홀 그레인 머스터드 1작은술
  마요네즈 2큰술]

만드는 법

1 식빵 1장에 버터를 바르고 오이를 올린다.

2 A를 고루 섞어 다른 식빵에 바른 뒤 ①에 덮는다.

3 샌드위치 팬에 ②를 넣어 중간 불에서 1~2분 정도 굽는다. 뒤집
   어서 반대쪽도 1~2분 정도 굽는다.

정통 샌드위치

007

토마토 샌드위치

신선한 토마토와 바질 향이 어우러진 샌드위치예요. 시판하는 프렌치드레싱으로
간단하게 만들었어요. 따뜻하게 구우면 신맛은 줄어들고 더 달콤해져요.

재료(1인분)

식빵 2장

속재료
둥글게 썬 토마토 2조각

스프레드
버터 적당량
프렌치드레싱 1큰술
바질가루 조금

만드는 법

1 식빵 1장에 버터를 바르고 토마토를 올린다.

2 다른 식빵에 프렌치드레싱을 바르고 바질가루를 뿌려 ①에 덮
는다.

3 샌드위치 팬에 ②를 넣어 중간 불에서 1~2분 정도 굽는다. 뒤집
어서 반대쪽도 1~2분 정도 굽는다.

008

아보카도 샌드위치

아보카도는 샌드위치에 자주 쓰는 속재료예요. 이번에는 아보카도를 으깨서 넣어봤어요.
아보카도의 부드러운 맛과 고소함을 충분히 느낄 수 있어요.

재료(1인분)

식빵 2장

속재료
으깬 아보카도 1/2개분
레몬즙 조금

스프레드
레몬즙 조금
소금·후춧가루 조금씩

만드는 법

1 식빵 1장에 으깬 아보카도를 올리고 레몬즙을 살짝 뿌린다.
2 다른 식빵에 소금과 후춧가루, 레몬즙을 뿌려 ①에 덮는다.
3 샌드위치 팬에 ②를 넣어 중간 불에서 1~2분 정도 굽는다. 뒤집
  어서 반대쪽도 1~2분 정도 굽는다.

009

볶음국수 샌드위치

볶음국수와 빵의 만남이 색달라요. 탄수화물×탄수화물의 달콤한 유혹을
뿌리치기 힘들 거예요. 인스턴트식품을 이용하면 편해요.

재료(1인분)

식빵 2장

속재료

볶음국수(아래 참고) 1컵

스프레드

버터 적당량

볶음국수 소스* 적당량

*시판하는 볶음국수에 들어 있는 것
을 쓰면 된다.

만드는 법

1 식빵 1장에 버터를 바르고 볶음국수를 올린다.
2 다른 식빵에 볶음국수 소스를 발라 ①에 덮는다.
3 샌드위치 팬에 ②를 넣어 중간 불에서 1~2분 정도 굽는다. 뒤집
   어서 반대쪽도 1~2분 정도 굽는다.

볶음국수

재료(만들기 편한 양)

삶은 볶음국수 면 1인분
먹기 좋게 썬 양배추 2장분
생강절임·김 가루 조금씩
청주 1큰술
볶음국수 소스 1봉지
식용유 조금

만드는 법

1 볶음국수 면에 청주를 조
  금 넣어 면을 푼다.
2 달군 팬에 식용유를 두르
  고 양배추를 넣어 볶는다.
3 양배추가 익으면 풀어놓
  은 면과 청주 1큰술을 넣
  어 볶는다.
4 소스를 뿌려 볶은 뒤 생강
  절임과 김 가루를 넣는다.

010

피자 토스트 샌드위치

녹아내리는 치즈가 매력적인 샌드위치예요. 파니니용 빵인 치아바타에 속재료를 넣어 구우면 토스트처럼 바삭바삭해요. 소시지나 옥수수를 넣으면 더 맛있어요.

재료(1인분)

치아바타 1개

속재료
둥글게 썬 피망 3조각
채 썬 양파 1/10개분
잘게 썬 모차렐라 치즈 1큰술

스프레드
피자 소스 1큰술
올리브오일 조금

만드는 법

1 빵을 샌드위치 팬 크기에 맞게 잘라 반 가른다.

2 아래쪽 빵에 피자 소스를 바르고 피망을 올린다.

3 위쪽 빵에 올리브오일을 바르고 양파, 치즈 순으로 올려 ②에 덮는다.

4 샌드위치 팬에 ③을 넣어 중간 불에서 1~2분 정도 굽는다. 뒤집 어서 반대쪽도 1~2분 정도 굽는다.

4

샌드위치를 옆으로 놓아 굽는다. 팬 앞쪽과 안쪽에 틈이 생길 수 있지만 그대로 구워도 된다.

당근 라페 샌드위치

당근은 빵과 아주 잘 어울리는 채소예요. 당근으로 프랑스 절임 음식인 라페(rapee)를 만들어
샌드위치에 넣었어요. 라페는 오래 두고 먹을 수 있어 미리 만들어놓으면 편리해요.

재료(1인분)

식빵 2장

속재료

당근 라페(아래 참고) 4큰술

스프레드

버터 적당량

A {
머스터드 3큰술
꿀 3큰술
마요네즈 2큰술
}

만드는 법

1 식빵 1장에 버터를 바르고 당근 라페를 올린다.

2 A를 섞어 다른 식빵에 바른 뒤 ①에 덮는다.

3 샌드위치 팬에 ②를 넣어 중간 불에서 1~2분 정도 굽는다. 뒤집
   어서 반대쪽도 1~2분 정도 굽는다.

당근 라페

재료(만들기 편한 양)

당근 1개
건포도 2큰술
소금·레몬즙 조금씩
사과 식초 2작은술
설탕 1작은술
올리브오일 1작은술
다진 파슬리 조금
후춧가루 조금

만드는 법

1 당근을 껍질 벗겨 가늘게
   채 썬다. 소금을 뿌려 5분
   정도 둔 뒤 물기를 짠다.

2 당근, 건포도, 레몬즙, 사
   과 식초, 설탕, 후춧가루
   를 한데 담아 손으로 고
   루 버무린다.

3 올리브오일과 파슬리를
   넣어 골고루 섞는다.

012

새우튀김과 타르타르소스 샌드위치

먹음직스러운 새우튀김도 식으면 맛이 떨어지죠. 그럴 땐 식은 새우튀김으로
샌드위치를 만들어보세요. 타르타르소스를 발라 구우면 아주 잘 어울려요.

재료(1인분)

식빵 2장

속재료
새우튀김 2개

스프레드
버터 적당량
타르타르소스 2큰술

만드는 법

1 식빵 1장에 버터를 바르고 새우튀김을 올린다.

2 다른 식빵에 타르타르소스를 발라 ①에 덮는다.

3 샌드위치 팬에 ②를 넣어 중간 불에서 1~2분 정도 굽는다. 뒤집
어서 반대쪽도 1~2분 정도 굽는다.

••• 새우튀김의 꼬리가 팬 밖으로 나와도 괜찮다. 팬의 뚜껑이 닫히지 않으면
꼬리를 잘라낸다.

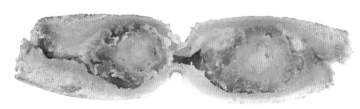

013

카레와 콩 샌드위치

먹고 남은 카레는 더 진하고 감칠맛이 나서 샌드위치를 만들면 맛있어요.
콩 통조림은 여러 가지 콩이 들어 있는 것을 쓰면 더 좋아요.

재료(1인분)

피타 빵 1개

속재료
카레 4큰술
통조림 콩 2큰술

스프레드
버터 조금
쿠민 조금

만드는 법

1 피타 빵을 반 갈라 아래쪽 빵에 버터를 바르고 카레를 올린다.

2 위쪽 빵에 버터를 바르고 쿠민을 뿌린 뒤 통조림 콩을 올려 ①에
덮는다.

3 샌드위치 팬에 ②를 넣어 중간 불에서 1~2분 정도 굽는다. 뒤집
어서 반대쪽도 1~2분 정도 굽는다.

3

피타 빵은 카레 같은 액체 재료를
넣기 좋다. 샌드위치 팬에 들어가
는 크기로 준비한다.

남은 음식으로 만드는 샌드위치

014 전갱이튀김 샌드위치

영양 많은 전갱이튀김으로 핫 샌드위치를 만들었어요. 질감이 거칠지만
고소한 잡곡 식빵으로 만들면 잘 어울려요.

재료(1인분)

잡곡 식빵 2장

속재료
전갱이튀김 1개
새싹채소 1/2컵

스프레드
우스터소스 1큰술

만드는 법

1 식빵 1장에 우스터소스 1/2큰술을 바르고 전갱이튀김을 올린다.

2 다른 식빵에 남은 우스터소스를 바르고 새싹채소를 올려 ①에
덮는다.

3 샌드위치 팬에 ②를 넣어 중간 불에서 1~2분 정도 굽는다. 뒤집
어서 반대쪽도 1~2분 정도 굽는다.

••• 전갱이튀김의 꼬리가 팬 밖으로 나와도 괜찮다. 팬의 뚜껑이 닫히지 않으면
꼬리를 잘라낸다.

015

만두와 고추기름 샌드위치

구운 만두에 고추기름의 매콤한 맛과 향이 더해져 중국 요리를 먹는 것 같은 느낌이에요.
시판하는 냉동만두를 써도 좋아요.

재료(1인분)

핫도그 번 1개

속재료
구운 만두 2개

스프레드
참기름 적당량
고추기름 적당량

만드는 법

1 핫도그 번을 반 갈라 아래쪽 빵에 참기름을 바르고 구운 만두를
  올린다.
2 위쪽 빵에 고추기름을 발라 ①에 덮는다.
3 샌드위치 팬에 ②를 넣어 중간 불에서 1~2분 정도 굽는다. 뒤집
  어서 반대쪽도 1~2분 정도 굽는다.

3

팬의 한가운데에 샌드위치를 놓
고, 한쪽으로 기울어지거나 치우치
지 않도록 손으로 지그시 누른다.

016

마파가지 샌드위치

마파가지를 빵에 넣어 먹으면 맛있는 소스를 남김 없이 다 먹을 수 있어서 좋아요.
실파와 산초를 듬뿍 뿌리면 더 맛있어요.

재료(1인분)

참깨 식빵 2장

속재료
마파가지(아래 참고) 1/2컵
산초 잎 조금
송송 썬 실파 2큰술

스프레드
참기름 조금

만드는 법

1 식빵 1장에 마파가지를 올리고 산초 잎을 뿌린다.

2 다른 식빵에 참기름을 바르고 송송 썬 실파를 뿌려 ①에 덮는다.

3 샌드위치 팬에 ②를 넣어 중간 불에서 1~2분 정도 굽는다. 뒤집어서 반대쪽도 1~2분 정도 굽는다.

마파가지

재료(만들기 편한 양)

가지 2개
다진 돼지고기 100g
다진 마늘 약간

A
- 두반장 소스 1큰술
- 굴소스 1/2큰술
- 맛술 약간
- 후춧가루 약간

뜨거운 물 1컵
전분물 1큰술
식용유 약간

만드는 법

1 가지를 반으로 잘라 먹기 좋은 크기로 썰어 둔다.

2 달군 팬에 식용유를 두르고 다진 돼지고기와 마늘을 넣고 볶은 뒤, A와 가지를 넣어 2~3분 더 볶는다.

3 뜨거운 물과 전분물을 넣어 한소끔 끓인다.

허브&하프 샌드위치

017

라따뚜이 & 바질 포테이토 샌드위치

반은 라따뚜이, 반은 바질 포테이토, 맛있는 이탈리안 음식을 반반씩 넣었어요.
두 가지 맛을 함께 즐길 수 있어서 일석이조예요.

둥근 빵은 샌드위치 팬에 들어가
는 크기로 준비한다.

재료(1인분)

둥근 포카치아 1개

속재료
라따뚜이(오른쪽 참고) 1/4컵
바질 포테이토(오른쪽 참고) 1/4컵

스프레드
올리브오일 적당량

만드는 법

1 빵을 반으로 가른다. 아래쪽 빵에
올리브오일을 바르고 반은 라따뚜
이, 반은 바질 포테이토를 올린다.

2 위쪽 빵에 올리브오일을 발라 ①에
덮는다.

3 샌드위치 팬에 ②를 넣어 중간 불에
서 1~2분 정도 굽는다. 뒤집어서 반
대쪽도 1~2분 정도 굽는다.

라따뚜이

재료(만들기 편한 양)

잘게 썬 양파 1개분, 송송 썬 셀러리 1/2개분,
반달썰기 한 가지 1개분, 2cm 크기의 노란색 파프리카 1/3개분,
반달썰기 한 애호박 1/2개분, 토마토 통조림 1통(200g),
치킨 스톡 1개(선택), 생 로즈메리 1줄기, 소금·후춧가루 적당량씩,
올리브오일 1작은술

만드는 법

1 냄비에 올리브오일을 두르고 중간 불로 달군 뒤 양파와 셀러
리를 볶는다. 익은 냄새가 올라오면 나머지 채소를 재료에 적
힌 순서대로 넣어 볶는다.

2 소금과 후춧가루로 간하고, 토마토 통조림과 치킨 스톡을 넣
어 잘 푼 뒤 로즈메리를 넣는다.

3 뚜껑을 덮어 약한 불에서 10분간 끓인 뒤, 불을 끄고 5분간
뭉근하게 익힌다.

바질 포테이토

재료(만들기 편한 양)

감자 2개, 바질 페스토 2큰술, 생크림 1큰술, 소금 1/2작은술

만드는 법

1 감자를 껍질 벗겨 한입 크기로 썬다. 부드럽게 삶아서 물을
버리고 약한 불로 물기를 없앤다.

2 볼에 삶은 감자와 나머지 재료를 모두 넣어 섞는다.

라따뚜이 2

채소를 재빨리 볶는다. 익으면 통
조림 토마토를 넣는다.

라따뚜이 3

채소가 완전히 익고 전체적으로 토
마토 맛이 배면 다 된 것이다.

바질 포테이토 2

바질 포테이토는 삶은 감자에 바질
페스토를 고루 섞기만 해도 간단하
게 완성된다.

나폴리탄 스파게티 & 오믈렛 샌드위치

하프 & 하프 샌드위치
018

어른 아이 할 것 없이 누구나 좋아하는 메뉴 두 가지를 모두 맛볼 수 있어요.
폭신한 오믈렛과 나폴리탄 스파게티의 환상적인 조화를 즐겨보세요.

재료(1인분)

식빵 2장

속재료
나폴리탄 스파게티(오른쪽 참고) 1/4컵
오믈렛(오른쪽 참고) 달걀 1개분

스프레드
버터 적당량
후춧가루 조금

만드는 법

1 식빵 1장에 버터를 바르고 반은 나
폴리탄 스파게티, 반은 오믈렛을 올
린다.
2 다른 식빵에 버터를 바르고 후춧가
루를 뿌려 ①에 덮는다.
3 샌드위치 팬에 ②를 넣어 중간 불에
서 1~2분 정도 굽는다. 뒤집어서 반
대쪽도 1~2분 정도 굽는다.

나폴리탄 스파게티

재료(만들기 편한 양)

스파게티 면 100g, 채 썬 양파 1/4개분, 둥글게 썬 피망 1개분,
어슷하게 썬 소시지 2개분

A〔 토마토케첩 3큰술, 우스터소스 1/3작은술,
   후춧가루 조금
올리브오일 1큰술, 치즈 가루·핫 소스 조금씩(선택)

만드는 법

1 스파게티 면을 포장지에 시간보다 1분 정도 더 삶아 물기를
뺀 뒤, 올리브오일을 조금 발라둔다.
2 달군 팬에 올리브오일을 두르고 양파, 피망, 소시지를 볶는다.
A를 넣고 골고루 섞은 뒤 삶은 스파게티 면을 넣어 물기가 없
어지도록 중간 불에서 볶는다. 입맛에 따라 치즈가루와 핫 소
스를 뿌린다.

오믈렛

재료(만들기 편한 양)

달걀 1개, 우유 1큰술, 소금·후춧가루 조금씩, 말린 허브 조금,
식용유 조금

만드는 법

1 볼에 달걀을 풀고 우유, 소금, 후춧가루, 말린 허브를 넣어 잘
섞는다.
2 달군 작은 팬에 식용유를 두르고 ①을 넣어 젓가락으로 모양
을 잡아가며 익힌다.

나폴리탄 스파게티 2

나폴리탄 스파게티를 만들 때 좋아
하는 재료를 넣거나 양념을 해도
좋다. 단, 재료에 물기가 많으면 빵
사이에 넣기 어려우니 물기를 쪽
뺀다.

오믈렛 2

오믈렛은 빵 사이에 넣기 쉽도록
작은 프라이팬에 굽는 것이 좋다.

크림 크로켓 & 돼지고기생강구이 샌드위치

부드럽게 녹는 크림 크로켓과 매콤 달콤한 돼지고기생강구이가 어우러져
새로운 맛이 느껴져요. 크로켓은 시판하는 냉동 제품을 써도 돼요.

따뜻한 크림 크로켓의 부드러운 맛 때문에 자꾸 먹고 싶어지는 핫 샌드위치. 우유를 곁들이면 잘 어울린다.

재료(1인분)

식빵 2장

속재료
크림 크로켓 1개
돼지고기생강구이(오른쪽 참고) 6큰술

스프레드
마요네즈 1작은술
머스터드 1작은술

만드는 법

1 식빵 1장에 마요네즈를 바르고 반은 크림 크로켓, 반은 돼지고기생강구이를 올린다.

2 다른 식빵에 머스터드를 발라 ①에 덮는다.

3 샌드위치 팬에 ②를 넣어 중간 불에서 1~2분 정도 굽는다. 뒤집어서 반대쪽도 1~2분 정도 굽는다.

돼지고기생강구이

재료(만들기 편한 양)
저민 돼지고기 300g, 채 썬 양파 1개분, 참기름 적당량
A | 다진 생강 1큰술, 간장 2큰술, 술 2큰술

만드는 법

1 돼지고기와 양파에 A를 섞어 넣고 주무른 뒤, 양념이 배면 참기름 1작은술을 넣어 주무른다.

2 달군 팬에 참기름을 살짝 두르고 ①을 넣어 볶다가, 고기가 익으면 조금 센 불로 물기가 없어질 때까지 볶는다.

1

크림 크로켓은 어떤 종류를 써도 된다. 작은 것도 괜찮다.

돼지고기생강구이 1

돼지고기를 한입 크기보다 조금 작게 저미면 먹기 편하다.

돼지고기생강구이 2

속재료에 물기가 있으면 빵이 질퍽해지기 때문에 물기가 없어질 때까지 볶는다.

햄버그스테이크 샌드위치

큼직하게 구운 햄버거 패티와 체더치즈 두 장을 넣은 환상의 3단 샌드위치예요.
패티가 커서 입을 크게 벌리고 먹어야 한답니다.

보기에도 푸짐하고 든든한 샌드위치. 예쁜 그릇에 담아 먹으면 수제 햄버거 전문점에 온 것 같은 기분이 난다.

재료(1인분)

식빵 3장

속재료
햄버거 패티(오른쪽 참고) 1개
햄버거 소스(오른쪽 참고) 적당량
얇게 썬 피클 2~3개분
슬라이스 치즈 2장
반 자른 방울토마토 3개분

스프레드
버터 조금

만드는 법

1 식빵 1장에 버터를 바르고 햄버거 패티와 피클을 올린다. 햄버거 패티 위에 햄버거 소스를 바른다.

2 다른 식빵에 버터를 바르고 치즈 1장을 올린다.

3 나머지 식빵에 버터를 바르고 남은 치즈 1장과 방울토마토를 올린다.

4 ①, ②, ③을 그림과 같이 합한다.

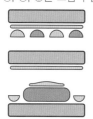

5 샌드위치 팬에 ④를 넣어 중간 불에서 1~2분 정도 굽는다. 뒤집어서 반대쪽도 1~2분 정도 굽는다.

· · · 샌드위치를 팬에 넣을 때 속재료가 삐져 나올 수 있으니 손으로 꽉 누른다.

햄버거 패티 & 소스

재료(2개)
다진 고기 300g, 잘게 썬 양파 1개분, 버터 1큰술,
빵가루 1/2컵, 우유 1/4컵, 달걀 1개, 소금 1작은술,
후춧가루 조금, 너트메그 1작은술, 식용유 조금
A | 마요네즈 1큰술, 우스터소스 1/2큰술, 토마토케첩 1/2큰술

만드는 법

1 빵가루에 우유를 부어 불린다.

2 달군 팬에 버터를 녹이고 양파를 갈색이 돌 때까지 볶는다.

3 다진 고기, 볶은 양파, 불린 빵가루, 달걀, 소금, 후춧가루, 너트메그를 한데 담고 점성이 생길 때까지 치댄 뒤, 빵 크기에 맞춰 둥글넓적하게 빚는다.

4 달군 팬에 식용유를 두르고 ③을 넣어 앞뒤로 노릇하게 구운 뒤, 뚜껑을 덮어 약한 불로 찌듯이 속까지 익힌다.

5 A에 ④의 육즙을 조금 넣고 고루 섞어 소스를 만든다.

햄버거 패티 3

햄버거 패티는 빵보다 조금 작게 빚어 굽는다.

햄버거 패티 4

햄버거 소스는 재료에 육즙을 넣어 섞기만 하면 된다.

장어구이 오이 샌드위치

빵과 장어구이는 어울리지 않을 것 같지 않지만 의외로 잘 어울려요.
산초와 참기름을 더하면 장어의 맛을 한층 더 살릴 수 있어요.

재료(1인분)

식빵 2장

속재료
장어구이 1마리
산초열매조림 1작은술
얇게 썬 오이 1/2개분

스프레드
참기름 적당량
장어구이 소스* 적당량

*시판하는 장어구이에 들어 있는 것
을 쓰면 된다.

만드는 법

1 식빵 1장에 참기름을 바르고 장어구이를 올린 뒤 산초열매조림
을 뿌린다.
2 다른 식빵에 장어구이 소스를 바르고 오이를 올려 ①에 덮는다.
3 샌드위치 팬에 ②를 넣어 중간 불에서 1~2분 정도 굽는다. 뒤집
어서 반대쪽도 1~2분 정도 굽는다.

022

일본식 치킨 샌드위치

닭튀김을 식초에 적셔 타르타르소스를 뿌려 먹는 일본식 닭요리로
샌드위치를 만들었어요. 상큼한 닭튀김의 맛이 일품이에요.

재료(1인분)

식빵 2장

속재료
닭튀김 3조각
식초 조금
타르타르소스 2큰술
채 썬 양배추 1/4컵

스프레드
버터 적당량

만드는 법

1 식빵 1장에 버터를 바르고 식초에 적신 닭튀김을 올린 뒤 타르
타르소스를 뿌린다.

2 다른 식빵에 버터를 바르고 채 썬 양배추를 올려 ①에 덮는다.

3 샌드위치 팬에 ②를 넣어 중간 불에서 1~2분 정도 굽는다. 뒤집
어서 반대쪽도 1~2분 정도 굽는다.

불고기 샌드위치

불고기로 샌드위치를 만들어도 맛있어요. 고기를 볶는 대신 도톰하게 저며 굽고
고추장과 파를 더했더니 매콤 달콤 끝내주는 샌드위치가 되었어요.

재료(1인분)

참깨 식빵 2장

속재료
구이용 쇠고기(갈비) 3조각
식용유 조금
불고기 양념 조금
깻잎 1장
어슷하게 썬 대파 5cm분

스프레드
참기름 적당량
고추장 조금

만드는 법

1 달군 팬에 식용유를 두르고 쇠고기를 구운 뒤 불고기 양념을 바른다.
2 식빵 1장에 참기름을 바르고 깻잎을 얹은 뒤 구운 쇠고기를 올린다.
3 다른 식빵에 고추장을 바르고 대파를 올려 ②에 덮는다.
4 샌드위치 팬에 ③을 넣어 중간 불에서 1~2분 정도 굽는다. 뒤집어서 반대쪽도 1~2분 정도 굽는다.

갈릭 스테이크 샌드위치

두툼한 스테이크를 샌드위치에 넣은 고급 메뉴예요.
처음에는 고기를 반만 익히고, 빵 사이에 넣어 다시 한 번 구우면 알맞게 익어요.

재료(1인분)

식빵 2장

속재료
갈릭 스테이크(아래 참고) 1조각
마늘 칩(아래 참고) 적당량
스테이크 소스(아래 참고) 적당량
어린잎 채소 적당량
먹기 좋게 뜯은 상추 1~2장분

스프레드
버터 적당량

갈릭 스테이크 & 소스·마늘 칩

재료(1조각)
스테이크용 쇠고기 1조각
저민 마늘 1쪽분
소금·후춧가루 조금씩
식용유 1큰술
A ⎰ 발사믹 식초 4큰술
  ⎱ 홀 그레인 머스터드
    1/2작은술

만드는 법
1 달군 팬에 식용유를 두르
  고 마늘을 넣어 약한 불
  에서 노릇하게 구워낸다.
2 쇠고기에 소금과 후춧가
  루를 뿌려 간을 한 뒤, 미
  디엄 정도로 구워 5분 정
  도 식힌다.
3 고기를 꺼낸 프라이팬에
  A를 넣어 양이 반으로 줄
  어들 때까지 중간 불에서
  졸인다.

만드는 법

1 식빵 1장에 버터를 바르고 스테이크를 얹은 뒤, 마늘 칩을 올리
  고 스테이크 소스를 뿌린다.
2 다른 식빵에 버터를 바르고 어린잎 채소와 상추를 올려 ①에 덮
  는다.
3 샌드위치 팬에 ②를 넣어 중간 불에서 1~2분 정도 굽는다. 뒤집
  어서 반대쪽도 1~2분 정도 굽는다.

돼지고기조림 샌드위치

육즙이 흐르는 돼지고기조림 위에 대파를 듬뿍 올렸어요.
빵과 돼지고기조림의 궁합이 잘 맞고 대파의 풍미까지 더해져 정말 맛있답니다.

입맛에 따라 머스터드 소스를 발라 먹어도 좋다. 메콤한 머스터드 소스가 느끼한 맛을 잡아준다.

재료(1인분)

식빵 2장

속재료
돼지고기조림(오른쪽 참고) 3조각
돼지고기조림 양념(오른쪽 참고) 적당량
채 썬 대파(흰 부분) 10cm분

스프레드
마요네즈 적당량
버터 적당량

만드는 법

1 식빵 1장에 마요네즈를 바르고 돼지고기조림을 올린 뒤 돼지고기조림 양념을 뿌린다.
2 다른 식빵에 버터를 바르고 대파를 소복이 올려 ①에 덮는다.
3 샌드위치 팬에 ②를 넣어 중간 불에서 1~2분 정도 굽는다. 뒤집어서 반대쪽도 1~2분 정도 굽는다.

돼지고기조림 & 양념

재료(만들기 편한 양)
돼지고기(어깨살) 300~400g, 대파(녹색 부분) 1대분,
마늘·생강 1쪽씩, 식용유 1큰술, 꿀 1큰술

A { 간장 1/2컵, 설탕 50g, 된장 1/2큰술, 물 1/2컵, 홍고추 1개, 팔각 1개(선택)

만드는 법
1 마늘과 생강을 다진다.
2 달군 냄비에 식용유를 두르고 대파, 마늘, 생강을 볶는다. 익은 냄새가 올라오면 돼지고기를 넣어 노릇하게 굽는다.
3 ②에 A를 넣고 끓어오르면 뚜껑을 덮는다. 칙 소리가 나면서 김이 나면 약한 불로 20분간 조린 뒤, 고기를 위아래로 굴려가며 10분간 더 조린다.
4 뚜껑을 열고 꿀을 넣어 중간 불에서 국물이 반으로 줄 때까지 조린다. 가끔 고기를 굴리고 국물을 끼얹어가며 맛이 잘 배게 한다.

돼지고기조림 3

고기 겉면이 노릇해지고 맛이 배면 돼지고기조림 양념을 넣어 조리는 것이 포인트.

돼지고기조림 4

고기 전체에 맛이 잘 배도록 서서히 조린다.

026 중국풍 햄 오이 샌드위치

중국식 냉면 맛을 느낄 수 있는 샌드위치예요.
불이 필요 없고 만드는 방법도 간단해 출출할 때 후다닥 만들어 먹을 수 있어요.

재료(1인분)

피타 빵 1개

속재료

채 썬 로스햄 1장분
채 썬 오이 5cm분
참깨 조금
참깨드레싱 조금

스프레드

참기름 조금

만드는 법

1 피타 빵을 반 갈라 아래쪽 빵에 참기름을 바르고 로스햄을 올린 뒤 참깨를 솔솔 뿌린다.

2 오이를 참깨드레싱에 버무려 위쪽 빵에 올린 뒤 ①에 덮는다.

3 샌드위치 팬에 ②를 넣어 중간 불에서 1~2분 정도 굽는다. 뒤집어서 반대쪽도 1~2분 정도 굽는다.

미트볼 샌드위치

미트볼로 만든 샌드위치는 점심 식사로 안성맞춤이에요.
냉동 미트볼을 이용하면 만들기도 아주 쉬워요.

재료(1인분)

잉글리시 머핀 1개

속재료
미트볼 4개
새싹채소 1/4컵

스프레드
버터 적당량

만드는 법

1 아래쪽 빵에 버터를 바르고 미트볼을 올린다.

2 위쪽 빵에도 버터를 바르고 새싹채소를 올린 뒤 ①에 덮는다.

3 샌드위치 팬에 ②를 넣어 중간 불에서 1~2분 정도 굽는다. 뒤집어서 반대쪽도 1~2분 정도 굽는다.

3

잉글리시 머핀은 샌드위치 팬보다
작은 편이다. 속까지 따뜻해지도
록 노릇노릇하게 충분히 굽는다.

고등어 통조림 샌드위치

찌개나 조림을 많이 해 먹는 고등어 통조림으로 샌드위치를 만들었어요.
고춧가루로 칼칼한 맛을 더했는데, 된장을 조금 넣어도 맛있어요.

재료(1인분)

식빵 2장

속재료
고등어 통조림 1/2통
고춧가루 조금
채 썬 양상추 1장분

스프레드
버터 적당량
마요네즈 적당량

만드는 법

1 식빵 1장에 버터를 바르고 통조림 고등어를 올린 뒤 고춧가루를
  뿌린다.
2 다른 식빵에 마요네즈를 바르고 양상추를 올려 ①에 덮는다.
3 샌드위치 팬에 ②를 넣어 중간 불에서 1~2분 정도 굽는다. 뒤집
  어서 반대쪽도 1~2분 정도 굽는다.

닭꼬치 샌드위치

프랑스 빵 바게트에 닭꼬치를 넣어 구웠어요. 바삭한 빵과 닭꼬치의 궁합이
색다른 맛을 선사한답니다. 시판하는 닭꼬치로 만들면 간단해요.

재료(1인분)

바게트* 12~13cm

속재료
구운 닭꼬치 50g
고춧가루 조금
송송 썬 실파 2큰술

스프레드
마요네즈 적당량

*바게트를 샌드위치 팬 크기에
맞춰 자른다.

만드는 법

1 바게트를 반 갈라 아래쪽 빵에 마요네즈를 바르고 닭꼬치를 올
   린 뒤 고춧가루를 뿌린다.
2 위쪽 빵에도 마요네즈를 바르고 실파를 올린다. 마요네즈를 지
   그재그로 짠 뒤 ①에 덮는다.
3 샌드위치 팬에 ②를 넣어 중간 불에서 1~2분 정도 굽는다. 뒤집
   어서 반대쪽도 1~2분 정도 굽는다.

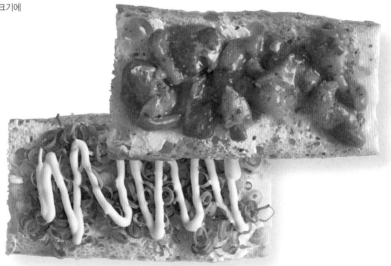

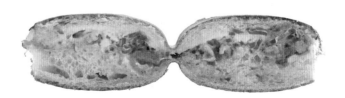

김치 샌드위치

잘 익은 김치와 김, 참기름 등을 써서 한국의 맛을 살렸어요.
발효 식품인 김치와 치즈의 궁합이 아주 잘 맞아요.

재료(1인분)

1cm 두께의 캄파뉴 2조각

속재료
배추김치 적당량
김 1장
잘게 썬 모차렐라 치즈 1큰술

스프레드
참기름 적당량

만드는 법

1 빵 1조각에 참기름을 바르고 김을 엎은 뒤 김치를 올린다.
2 다른 빵에 참기름을 바르고 치즈를 올려 ①에 덮는다.
3 샌드위치 팬에 ②를 넣어 중간 불에서 1~2분 정도 굽는다. 뒤집
  어서 반대쪽도 1~2분 정도 굽는다.

어육 소시지 샌드위치

패스트푸드점에서 파는 콜슬로나 콘 샐러드를 이용하면 맛있는 핫 샌드위치를
간단히 만들 수 있어요. 감자 샐러드나 마카로니 샐러드를 넣어도 좋아요.

재료(1인분)

핫도그 번 1개

속재료
어육 소시지 1/2개
토마토케첩 1큰술
콜슬로 3큰술

스프레드
버터 적당량

만드는 법

1 핫도그 번을 반 갈라 아래쪽 빵에 버터를 바르고 반 갈라 2등분
   한 어육 소시지를 올린다.

2 위쪽 빵에 콜슬로를 올려 ①에 덮는다.

3 샌드위치 팬에 ②를 넣어 중간 불에서 1~2분 정도 굽는다. 뒤집
   어서 반대쪽도 1~2분 정도 굽는다.

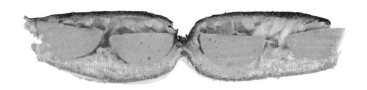

032

초코 마시멜로 샌드위치

사르르 녹아버리는 말랑말랑한 마시멜로와 달달한 초콜릿이 빵 속에 쏙 안겼어요.
이보다 더 달콤한 만남이 있을까요?

재료(1인분)

식빵 2장

속재료
마시멜로 3큰술

스프레드
초콜릿 시럽 적당량
버터 적당량
꿀 적당량

만드는 법

1 식빵 1장에 초콜릿 시럽을 바르고 마시멜로를 올린다.
2 다른 식빵에 버터를 바르고 꿀을 발라 ①에 덮는다.
3 샌드위치 팬에 ②를 넣어 중간 불에서 1~2분 정도 굽는다. 뒤집어서 반대쪽도 1~2분 정도 굽는다.

커스터드 크림 과일 샌드위치

마치 과일 그라탱 같은 핫 샌드위치예요. 커스터드 크림은 전자레인지로
쉽게 만들 수 있고, 과일은 좋아하는 과일을 넣으면 돼요.

재료(1인분)

우유식빵 2장

속재료
얇게 썬 키위 4조각
반 자른 딸기 1개분

스프레드
버터 적당량
커스터드 크림(아래 참고)
3큰술

만드는 법

1 식빵 1장에 버터를 바르고 과일을 올린다.

2 다른 식빵에 커스터드 크림을 발라 ①에 덮는다.

3 샌드위치 팬에 ②를 넣어 중간 불에서 1~2분 정도 굽는다. 뒤집
어서 반대쪽도 1~2분 정도 굽는다.

· · · 커스터드 크림이 따뜻해질 정도로만 가볍게 굽는다. 너무 오래 구우면 커스
터드 크림이 녹아내린다.

커스터드 크림

재료(만들기 편한 양)
달걀노른자 1개분
설탕 2큰술
박력분 1큰술
우유 1/2컵
버터 1큰술

만드는 법

1 볼에 달걀노른자와 설탕
을 넣어 고루 섞는다. 박
력분과 우유도 순서대로
넣어 잘 섞는다.

2 체에 한 번 걸러 내열 그
릇에 담고 랩을 씌워 전
자레인지에 1분간 데운다.

3 상온에 두었던 버터를 넣
어 고루 섞은 뒤, 랩을 팽팽
하게 씌워 차갑게 식힌다.

디저트 샌드위치

034

딸기 단팥 샌드위치

단팥과 딸기를 조합해 일본 전통과자 같은 느낌의 디저트를 만들었어요.
시판하는 단팥을 이용하면 간편해요.

재료(1인분)

식빵 2장

속재료
반 자른 딸기 3개분
연유 적당량

스프레드
버터 적당량
단팥 2큰술

만드는 법

1 식빵 1장에 버터를 바르고 딸기를 올린 뒤 연유를 뿌린다.
2 다른 식빵에 단팥을 발라 ①에 덮는다.
3 샌드위치 팬에 ②를 넣어 중간 불에서 1〜2분 정도 굽는다. 뒤집
   어서 반대쪽도 1〜2분 정도 굽는다.

메이플 고구마 샌드위치

버터의 풍미와 메이플시럽의 달콤함이 함께 느껴지는 서양식 고구마 맛탕을 빵에 넣었어요.
부드러워서 스프레드로 바른 치즈와도 잘 어울려요.

재료(1인분)

바게트* 12~13cm

속재료
메이플 고구마(아래 참고)
고구마 1/4개분

스프레드
버터 적당량
마스카르포네 치즈 1큰술

*바게트를 샌드위치 팬 크기에
맞춰 자른다.

만드는 법

1 바게트를 반 갈라 아래쪽 빵에 버터를 바르고 메이플 고구마를
올린다.
2 위쪽 빵에 마스카르포네 치즈를 발라 ①에 덮는다.
3 샌드위치 팬에 ②를 넣어 중간 불에서 1~2분 정도 굽는다. 뒤집
어서 반대쪽도 1~2분 정도 굽는다.

메이플 고구마

재료(만들기 편한 양)

고구마 1/2개
버터 1큰술
메이플시럽 1큰술

만드는 법

1 고구마를 사방 2cm로 깍
둑썰기 해 젓가락이 쏙
들어갈 정도로 삶는다.
2 달군 팬에 버터와 메이플
시럽을 넣어 녹인다. 버
터가 끓어오르면 중간 불
로 맞추고 삶은 고구마를
넣어 맛이 배고 물기가
없어질 때까지 볶는다.

찾아보기

• 요리

그대로 따라하면 엄마가 해주시던 바로 그 맛

한복선의 엄마의 밥상

일상 반찬, 찌개와 국, 별미 요리, 한 그릇 요리, 김치 등 웬만한 요리 레시피는 다 들어 있어 기본 요리실력 다지기부터 매일 밥상 차리기까지 이 책 한 권이면 충분하다. 누구든지 그대로 따라 하기만 하면 엄마가 해주시던 바로 그 맛을 낼 수 있다.

한복선 지음 | 312쪽 | 188×245mm | 16,000원

반찬이 필요 없는 한 끼

한 그릇 밥·국수

별다른 반찬 없이 맛있게 먹을 수 있는 한 그릇 요리책. 덮밥, 볶음밥, 비빔밥, 비빔국수, 뜨거운 국수, 차가운 국수, 파스타 등 쉽고 맛있는 밥과 국수 114가지를 소개한다. 재료 계량법, 밥 짓기, 국수 삶기, 국물 내기 등 기본기도 알려줘 요리 초보도 쉽게 만들 수 있다.

장연정 지음 | 256쪽 | 188×245mm | 14,000원

기초부터 응용까지 이 책 한권이면 끝!

한복선의 친절한 요리책

요리 초보자를 위해 대한민국 최고의 요리전문가 한복선 선생님이 나섰다. 칼 잡는 법부터 재료 손질, 맛내기까지 친정엄마처럼 꼼꼼하고 친절하게 알려주는 이 책에는 국, 찌개, 반찬, 한 그릇 요리 등 대표 가정요리 221가지 레시피가 들어있다.

한복선 지음 | 308쪽 | 188×254mm | 15,000원

자연을 담은 건강식

우리 음식 비빔밥

여러 가지 재료가 어우러져 조화로운 맛을 내는 대표적인 한국 음식, 비빔밥. 영양이 풍부하고 칼로리가 낮아 건강식으로 주목받고 있다. 이 책은 기본 비빔밥에서부터 퓨전 비빔밥까지 쉽게 만들 수 있는 비빔밥 레시피를 소개한다.

전지영 지음 | 164쪽 | 188×245mm | 13,000원

지금 바로 쉽게 따라 할 수 있는 레시피

오늘요리

이것저것 갖춰 먹기 쉽지 않은 바쁜 현대인들을 위한 요리책. 각종 미디어에 레시피를 제공하고 요리 칼럼을 연재한 저자가 실생활에서 자주 해 먹는 요리들을 담아내 더욱 믿음이 간다. 간단하고 실용적인 레시피로 매 끼니 힘들이지 않고 식탁을 차려보자.

김경미 지음 | 216쪽 | 188×245mm | 13,000원

롤 전문 레스토랑 셰프들의 비법 따라잡기

캘리포니아 롤 & 스시

김밥이나 주먹밥을 만드는 것처럼 롤과 스시도 집에서 손쉽게 만들 수 있도록 전문점 셰프들의 비법을 그대로 공개했다. 재료와 소스의 조합에 따라 다양한 스타일을 즐길 수 있다. 기본 롤부터 스페셜 롤, 전문점의 롤과 스시까지 다양한 레시피 56가지를 담았다.

리스컴 편집부 | 152쪽 | 190×245mm | 12,000원

만들어두면 일주일이 든든한

오늘의 밑반찬

누구나 좋아하는 대표 밑반찬 79가지를 담았다. 가장 인기 있는 밑반찬을 골라 수록했기 때문에 반찬을 선택하는 고민을 덜어준다. 또한 79가지 밑반찬을 고기, 해산물·해조류, 채소 등 재료별 파트와 장아찌·피클 파트로 구성하여 쉽게 균형 잡힌 식단을 짤 수 있도록 돕는다.

최승주 지음 | 152쪽 | 188×245mm | 12,000원

맛있게 시작하는 비건 라이프

비건 테이블

누구나 쉽게 맛있는 채식을 시작할 수 있도록 돕는 비건 레시피북. 요즘 핫한 스무디 볼부터 파스타, 햄버그스테이크, 아이스크림까지 88가지 맛있고 다양한 비건 요리를 소개한다. 건강한 식단 비건 구성법, 자주 쓰이는 재료 등 채식을 시작하는 데 필요한 정보도 담겨있다.

소나영 지음 | 200쪽 | 188×245mm | 15,000원

먹을수록 건강해진다!

나물로 차리는 건강밥상

생나물, 무침나물, 볶음나물 등 나물 레시피 107가지를 소개한다. 기본 나물부터 토속 나물까지 다양한 나물반찬과 비빔밥, 김밥, 파스타 등 나물로 만드는 별미 요리를 담았다. 메뉴마다 영양과 효능을 꼼꼼히 알려주고, 월별 제철나물 캘린더, 나물요리 기본 요령도 알려준다.

리스컴 편집부 | 160쪽 | 188×245mm | 12,000원

나와 지구를 위한 조금 다른 식탁

베지테리언 레시피

건강과 환경을 생각하는 사람들을 위한 채식요리 레시피 북. 밥과 빵, 국수와 파스타, 수프와 곁들이, 디저트와 간식 등 메뉴가 다양하고 요즘 뜨는 이색적인 세계 요리도 들어있다. 레시피마다 요리 동영상 QR코드를 수록해 누구나 쉽게 따라 할 수 있다.

타카시마 료야 지음 | 152쪽 | 188×245mm | 13,000원

내 몸이 가벼워지는 시간
샐러드에 반하다

한 끼 샐러드, 도시락 샐러드, 저칼로리 샐러드, 곁들이 샐러드 등 쉽고 맛있는 샐러드 레시피 56가지를 한 권에 담았다. 다양한 맛의 45가지 드레싱과 각 샐러드의 칼로리, 건강한 샐러드를 위한 정보도 함께 들어있어 다이어트에도 도움이 된다.

장연정 지음 | 168쪽 | 210×256mm | 12,000원

천연 효모가 살아있는 건강 빵
천연발효빵

맛있고 몸에 좋은 천연발효빵을 소개한 책. 홈 베이킹을 넘어 건강한 빵을 찾는 웰빙족을 위해 과일, 채소, 곡물 등으로 만드는 천연발효종 20가지와 천연발효종으로 굽는 건강빵 레시피 62가지를 담았다. 천연발효빵 만드는 과정이 한눈에 들어오도록 구성되었다.

고상진 지음 | 200쪽 | 210×275mm | 13,000원

로푸드 다이어트 레시피 103
로푸드 디톡스

로푸드는 체내의 독소를 제거하고 면역력을 높여줘 자연스럽게 다이어트까지 이어지도록 한다. 로푸드 레시피 103개와 주스 펄프 사용법, 활용도 만점 드레싱 등 플러스 레시피가 수록돼있어 로푸드가 낯선 사람이라도 어렵지 않게 시작할 수 있도록 돕는다.

이지연 지음 | 216쪽 | 210×265mm | 12,000원

바쁜 사람도, 초보자도 누구나 쉽게 만든다
무반죽 원 볼 베이킹

누구나 쉽게 맛있고 건강한 빵을 만들 수 있도록 돕는 책. 61가지 무반죽 레시피와 전문가의 Plus Tip을 담았다. 이제 힘든 반죽 과정 없이 볼과 주걱만 있어도 집에서 간편하게 빵을 구울 수 있다. 초보자에게도, 바쁜 사람에게도 안성맞춤이다.

고상진 지음 | 200쪽 | 188×245mm | 14,000원

내 몸을 건강하게 하는 1주일 디톡스 프로그램
프레시 주스 & 그린 스무디

신선한 과일과 채소로 만든 66가지 주스 레시피를 담은 책. 주스뿐만 아니라 재료의 영양이 살아있는 스무디, 원기를 충전해주는 부스터 샷까지 있어 건강과 맛을 동시에 챙길 수 있다. 누구나 따라 할 수 있는 그린 디톡스 플랜을 소개해 다이어트에 효과적이다.

편 그린 지음 | 이지은 옮김 | 164쪽 | 170×230mm | 12,000원

최고의 브런치 카페에서 추천한 인기 메뉴 57가지
잇 스타일 브런치

대표 브런치 카페와 인기 브런치 레시피를 알려주는 카페 가이드북 겸 요리책. 브런치를 유행시킨 '수지스'를 비롯해 유명 스타들의 단골 레스토랑 '다이닝텐트', 효자동의 '카페 고희' 등의 자세한 소개와 사진이 담겨 있다.

리스컴 편집부 | 180쪽 | 180×260mm | 11,000원

맛있고 몸에 좋은 카페 스타일 드링크
홈메이드 천연 음료

과일 주스에서부터 커피음료까지 다양한 음료 레시피를 담은 책. 첨가물 걱정 없는 진짜 100% 과일 채소 주스와 과일이 듬뿍 들어간 스무디, 맛있는 에이드, 아이들이 좋아하는 밀크셰이크와 초콜릿 음료, 차와 커피, 칵테일 등 107가지 다양한 음료를 만날 수 있다.

이지은 지음 | 136쪽 | 190×245mm | 9,800원

고단백 저지방
닭가슴살 다이어트 레시피

고단백 저지방 닭가슴살은 다이어트 식품으로 가장 좋다. 이 책은 샐러드, 구이, 한 그릇 요리, 도시락 등 쉽고 맛있는 닭가슴살 요리 65가지를 소개한다. 김밥, 파스타 등 인기 메뉴부터 별미로 메뉴까지 매일 맛있게 먹으며 즐겁게 다이어트할 수 있다.

이양지 지음 | 160쪽 | 188×245mm | 13,000원

알면 알수록 특별한 술
와인 & 스피릿

포도 품종과 지역별 특징, 고르는 법, 라벨 읽는 법, 마시는 법까지 와인의 모든 것을 자세히 알려주는 지침서. 소믈리에가 추천한 100가지 와인 리스트는 초보자도 와인을 성공적으로 고를 수 있도록 도와준다. 비즈니스에서 빼놓을 수 없는 양주에 대해서도 알려준다.

김일호 지음 | 216쪽 | 152×225mm | 12,000원

마음껏 먹고 날씬해지는
마법의 다이어트 레시피

영양을 챙기고 다이어트의 방해 요소들을 줄인 다이어트 레시피북. 아침, 점심, 저녁 한 끼 메뉴와 입맛 살리는 별식, 간편 도시락, 부담 없는 간식 등 쉽고 맛있는 메뉴들이 가득하다. 메뉴마다 다이어트 포인트와 칼로리, 영양성분을 한눈에 알 수 있게 표시했다.

박지은 지음 | 200쪽 | 180×260mm | 12,000원

• 인문

제주에서 만난 길, 바다, 그리고 나
나 홀로 제주 최신 개정판

혼자 떠난 제주에서 만나는 관광지, 맛집, 카페, 숙소 등을 소개한 책. 일상에 지친 사람이라면 혼자 떠나보자. 이 책은 제주를 북서부, 북동부, 남동부, 남서부 4지역으로 나눠 자세히 소개하고, 혼여행족이 알아두면 좋을 팁과 오일장 등의 정보도 담았다.

장은정 지음 | 320쪽 | 138×188mm | 15,000원

현지인이 알려주는 싱가포르의 또 다른 모습들
지금 우리, 싱가포르 최신 개정판

싱가포르는 작지만 멋진 풍경과 먹을거리, 즐길 거리 등이 풍성한 매력적인 여행지다. 이 책은 4년간의 싱가포르 생활을 통해 쌓은, 살아있는 정보들을 알려주는 여행 책이다. 유명 여행지는 물론 현지인만 아는 숨은 명소, 경험으로 얻은 꿀팁 등을 담았다.

최설희 글, 장요한 사진 | 288쪽 | 138×188mm | 13,500원

지브리에서 슬램덩크까지,
낭만 레트로 일본 애니여행

애니메이션에 등장하는 장소와 만화가들의 흔적을 찾아보는 신개념 테마 여행. 남녀노소 누구나 좋아하는 일본의 애니메이션 포인트 11곳을 담았다. 여행지 정보와 주변 관광지도 함께 소개해 처음 방문하는 사람이라도 즐겁게 떠날 수 있다.

윤정수 지음 | 208쪽 | 138×190mm | 12,000원

마음이 짠해 홀로 짠한 날
짠한 요즘

현실은 청춘에게 너그럽지 않다. 이 책은 짠한 청춘들에게 공감이란 이름의 위로를 건넨다. 사람에 지쳐 나 홀로 즐기는 혼술과 혼밥을 이야기하며 짠한 청춘을 다독인다. 누군가 알아주지 않아도, 누군가 인정하며 박수쳐주지 않아도, 부지런히 오늘을 채우는 당신. 그거면 됐다고…

우근철 지음 | 208쪽 | 138×190mm | 13,000원

낯선 도시로 떠나 진짜 인생을 찾는 이야기
내가 누구든, 어디에 있든

낯선 도시 뉴욕에서 꿈을 살다 온 청춘의 이야기. 꿈, 희망, 행복, 친구, 여행 등을 담아낸 73개의 담백한 에피소드와 다양한 그림, 사진을 실었다. 이 책의 모든 그림들은 뉴욕에서 아트북을 출간할 정도로 감각적인 실력을 갖춘 김나래 작가가 직접 그렸다.

김나래 지음 | 240쪽 | 138×188mm | 13,000원

• 취미 | DIY

내 피부에 딱 맞는 핸드메이드 천연비누
나만의 디자인 비누 레시피

예쁘고 건강한 천연비누를 만들 수 있도록 돕는 레시피 북. 천연비누부터 배스밤, 버블바, 배스 솔트까지 39가지 레시피를 한 권에 담았다. 재료부터 도구, 용어, 팁까지 비누 만드는 데 알아야 할 정보를 친절하게 설명해 책을 따라 하다 보면 누구나 쉽게 천연비누를 만들 수 있다.

리리림 지음 | 248쪽 | 190×245mm | 16,000원

우리 주변의 아름다운 모습 40가지
즐거운 수채화 그리기

초보자부터 숙련자까지 취미로 수채화를 배우는 사람들에게 좋은 교재. 40가지 테마의 수채화 그리기가 자세히 소개되어 있다. 각 테마마다 그리기 순서에 따른 상세한 설명이 소개되어 실력에 맞는 그림을 선택해 그릴 수 있다.

에마 블록 지음 | 216쪽 | 188×200cm | 15,000원

쉬운 재단, 멋진 스타일
내추럴 스타일 원피스

베이직한 디자인으로 언제 어디서나 자연스럽게! 직접 만들어 예쁘게 입는 나만의 원피스. 여자들의 필수 아이템인 27가지 스타일 원피스를 담았다. 실물 크기 패턴도 함께 수록되어 있어 재봉틀을 처음 배우는 초보자라도 뚝딱 만들 수 있다.

부티크 지음 | 112쪽 | 210×256mm | 10,000원

트러블 · 잡티 · 잔주름 없는 명품 피부의 비결
홈메이드 천연화장품 만들기

피부를 건강하고 아름답게 만들어주는 홈메이드 천연화장품 레시피 북. 고급스럽고 내추럴한 천연화장품 35가지가 담겨 있다. 단계별 사진과 함께 자세히 설명되어 있어 누구나 쉽게 만들 수 있고, 사용법도 친절하게 알려준다.

카렌 길버트 지음 | 152쪽 | 190×245mm | 13,000원

작은 공간을 두 배로 늘려주는
정리와 수납 아이디어 343

'숨은 공간'을 활용해서 정리와 수납을 완성하도록 도와주는 책. 수납 전문가들의 노하우가 한가득 담겨 있다. 물건을 줄이지 않아도 쾌적한 집을 만들어주는 깔끔한 정리의 기술이 다양한 사례가 사진과 함께 자세히 나와 있다.

오렌지페이지 지음 | 128쪽 | 210×275mm | 10,000원

• 건강

아침 5분, 저녁 10분
스트레칭이면 충분하다
몸은 튼튼하게 몸매는 탄력있게 가꿀 수 있는 스트레칭 동작을 담은 책. 아침 5분, 저녁 10분이라도 꾸준히 스트레칭하면 하루하루가 몰라보게 달라질 것이다. 아침저녁 동작은 5분을 기본으로 구성, 좀 더 체계적인 스트레칭 동작을 위해 10분, 20분 과정도 소개했다.

박서희 지음 | 88쪽 | 215×290mm | 8,000원

하루 15분
필라테스 홈트
필라테스는 자세 교정과 다이어트 효과가 매우 큰 신체 단련 운동이다. 이 책은 전문 스튜디오에 나가지 않고도 집에서 얼마든지 필라테스를 쉽게 배울 수 있는 방법을 알려준다. 난이도에 따라 15분, 30분, 50분 프로그램으로 구성해 누구나 부담 없이 시작할 수 있다.

박서희 지음 | 128쪽 | 215×290mm | 11,200원

통증 다스리고 체형 바로잡는
간단 속근육 운동
통증의 원인은 속근육에 있다. 한의사이자 헬스 트레이너가 통증을 근본부터 해결하는 속근육 운동법을 알려준다. 마사지로 풀고, 스트레칭으로 늘리고, 운동으로 힘을 키우는 3단계 운동법으로, 통증 완화는 물론 나이 들어서도 아프지 않고 지낼 수 있는 건강관리법이다.

이용현 지음 | 156쪽 | 182×235mm | 12,000원

국내 최고 의료진과 전문 영양사의 처방
비만클리닉, 똑똑한 레시피로 답하다
분당서울대학교병원 의료진과 영양사가 알려주는 비만의 모든 것. 비만의 원인과 비만으로 생기는 질병, 소아 비만과 노인 비만, 올바른 식이요법과 운동법, 약물치료와 수술 등을 상세히 알려준다. 각 음식과 한 끼, 하루 식단에 칼로리와 나트륨, 영양 구성도 표시했다.

분당서울대학교병원·한화호텔앤드리조트 지음 | 320쪽 | 188×245mm | 18,000원

건강은 생활습관입니다!
아프지 않고 건강하게 사는 생활실천법
국내 식품영양학의 최고 권위자이자 장수박사로 유명한 유태종 교수가 그동안의 경험과 연구결과를 모아 건강장수비법을 정리했다. 생활습관, 식사법, 운동법, 마음건강법 등 4개의 장으로 나누어 건강과 장수의 이론과 실제 사례, 구체적인 생활실천법을 소개한다.

유태종 지음 | 256쪽 | 152×223mm | 13,000원

• 육아

산부인과 의사가 들려주는 임신 출산 육아의 모든 것
똑똑하고 건강한 첫 임신 출산 육아
임신 전 계획부터 산후조리까지 현대를 살아가는 임신부를 위한 똑똑한 임신 출산 육아 교과서. 20년 산부인과 전문의가 인터넷 상담, 방송 출연 등을 통해 알게 된, 임신부들이 가장 궁금해하는 것과 꼭 알아야 것들을 알려준다.

김건오 지음 | 352쪽 | 190×250mm | 17,000원

아기는 건강하게, 엄마는 날씬하게
소피아의 임산부 요가
임산부의 건강과 몸매 유지를 위해 슈퍼모델이자 요가 트레이너인 박서희가 제안하는 맞춤 요가 프로그램. 임신 개월 수에 맞춰 필요한 동작을 사진과 함께 자세히 소개하고, 통증을 완화하는 요가, 남편과 함께 하는 커플 요가, 회복을 돕는 산후 요가 등도 담았다.

박서희 지음 | 176쪽 | 170×220mm | 12,000원

사진으로 익히는 0~12개월 갓난아기 돌보기
나는 초보 엄마입니다
출생 후 12개월까지의 아기를 안아주고, 먹여주고, 달래주고, 놀아주고, 기저귀를 갈아주고, 목욕시키고, 옷을 입히고, 마사지해주고, 안정시키고, 외출시키는 등 아기를 돌보는 데 필요한 모든 것이 풍부한 사진과 함께 상세히 설명되어 있어 쉽게 따라할 수 있다.

리스컴 편집부 | 136쪽 | 190×260mm | 12,000원

똑똑한 엄마의 선택
닥터맘 이유식
생후 4개월부터 36개월까지 단계별로 꼭 필요한 영양을 담은 건강 이유식 레시피. 미음부터 죽, 진밥, 덮밥, 국수, 샐러드, 국, 반찬 등 다양한 이유식과 유아식을 담았다. 차근히 따라 하면 건강하고 튼튼하게 키울 수 있다.

닥터맘 지음 | 216쪽 | 190×230mm | 13,000원

영양사와 소아과 원장이 함께 차리는 영양 밥상
우리 아이에게 꼭 먹이고 싶은 유아식
영양사 출신의 엄마와 소아과 원장이 함께 소중한 우리 아이를 위한 맛깔 나는 영양 만점 유아식을 완성했다. 아이의 건강을 위해 꼭 필요한 반찬부터 생일상 차리기까지 완벽한 유아식 레시피 120가지를 골고루 담았다.

박효선 지음 | 136쪽 | 190×230mm | 13,000원

유익한 정보와 다양한 이벤트가 있는
리스컴 블로그로 놀러 오세요!

홈페이지 www.leescom.com
인스타그램 www.instagram.com/leescom
블로그 blog.naver.com/leescomm

따뜻한 식사빵

프렌치토스트와
핫 샌드위치

지은이 | 미나구치 나호코
옮긴이 | 안미현

편집 | 김연주 안혜진
디자인 | 최수희
마케팅 | 김종선 이진목 홍수경
경영관리 | 남옥규

출력·인쇄 | 금강인쇄(주)

개정판 1쇄 | 2020년 1월 6일
개정판 2쇄 | 2020년 2월 20일

펴낸이 | 이진희
펴낸 곳 | (주) 리스컴

주소 | 서울시 강남구 밤고개로1길 10 현대벤처빌 1427호
전화번호 | 대표번호 02-540-5192
           영업부 02-540-5193
           편집부 02-544-5922, 5933, 5944
FAX | 02-540-5194

등록번호 | 제2-3348

ICHIBAN YASASHII! ICHIBAN OISHII! FRENCH TOAST & HOT SANDWICH by Nahoko Minakuchi
Copyright © Nahoko Minakuchi 2013
All rights reserved.
This Korean edition was published by LEESCOM Publishing Group in 2019 by arrangement with
Nitto Shoin Honsha Co., Ltd., Tokyo,through HonnoKizuna, Inc., Tokyo, and KCC(Korea Copyright Center Inc.), Seoul

ISBN 979-11-5616-175-2 13590
값 12,000원